スイゼンジノリと
サクランの
魅力

サクラン研究会 編

スイゼンジノリ

1872(明治5)年にオランダの植物学者が世界に発表した、日本固有の淡水性ラン藻。美しく、澄みきった水に限って生育する。湧水の減少や水質汚染の影響により、現在では絶滅の危機にある。

発生地

熊本市水前寺の江津湖にある「スイゼンジノリ発生地」。1924年に国の天然記念物に指定された。

緑褐色ないし茶褐色の寒天質の塊。「ひご野菜」の一つであり、江戸幕府へ献上されていた。

養殖

繊細なスイゼンジノリの養殖には、多量の良質な地下水と適度な日照が必要である。天然の川や湖に生息していたが、近年では自然の状態での養殖は困難になった。

江戸時代から養殖が行われてきた黄金川。現在はポンプで地下水をくみ上げ、遮光ネットを使い養殖を続けている。

福岡県朝倉市の養殖施設

こんこんと水が湧く貯水池。養殖には湧水が欠かせない。

益城町赤井の貯水池

地下水を使った専用の人工プールで生息環境を再現。水質や温度管理などを徹底している。

嘉島町の養殖場

| 共存・競合 | プニプニとした感触は細胞を覆っている寒天質によるものである。藻体の重さの半分以上が寒天質であり、その表面にはさまざまな他の藻類が付着し共存・競合している。 |

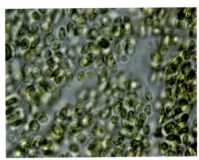

細胞周りの白い部分が寒天質。細胞を集合状態に保ち、外敵から守る役割も果たしている。

細胞の顕微鏡写真

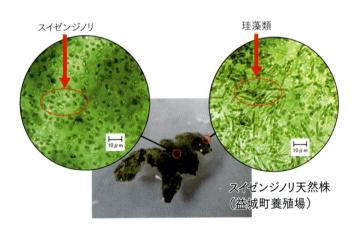

スイゼンジノリ天然株（益城町養殖場）

天然株の顕微鏡写真

（左）スイゼンジノリ細胞（右）スイゼンジノリ藻体の表面に付着している舟型の珪藻類。これら他の藻類によって生育が阻害されてしまうこともある。

人工培養

人工培養には大きく分けて二つの課題がある。一つ目は共存・競合する他の藻類の影響をできる限り抑えること。二つ目は培地の組成を適切に調整することにある。

人工培養①

益城町養殖場産や嘉島町養殖場産など産地によって増殖の様相が異なる。

それぞれの産地に適した水質に調整すると高い増殖を示す。

人工培養②

水質の調整はもちろんのこと光源の照射条件や培養の密度なども研究している。

人工培養の実験風景

サクラン

スイゼンジノリ細胞の周りを覆っている寒天質の主成分。その吸水力はヒアルロン酸と比べ、純水で約5倍、生理食塩水で10倍以上である。

吸水したサクラン

サクランゲル

ヒアルロン酸を超える高い吸水力を持ち、レアメタルが付着するとゲル状に固まる性質も持つ。発見された2006年以降、保湿力を活かし、化粧水や美容液などの化粧品を中心に活用が進んでいる。

乾燥したサクラン

乾燥すると白い繊維状のサクランが得られる。この状態では安定しており、自然に吸湿することはない。

◀2008年7月23日「熊本日日新聞」朝刊掲載

スイゼンジノリから新物質

吸水力高い高分子…ヒアルロン酸の数倍
化粧品などに活用期待

北陸先端大発見

北陸先端科学技術大学院大（石川県能美市）などの金子達雄准教授と岡島麻衣子研究員（熊本市出身）らの研究グループが、スイゼンジノリでは過去に報告例のない史上最大の分子量（金子准教授らるそう新しい高分子物質「サクラン」を発見した。吸水力が高いことで知られるヒアルロン酸の数倍の能力があるという。

【4面に関連記事】

サクランは分解しても自然に戻ることから、肌に優しく環境汚染の心配も無いバイオ資源」と位置付け、有効成分を二年前から探す中でサクランを連結した多糖類の一種で、かした商品としては、傷を早く治す効果などを自用具、食品添加剤などへの利用も期待できる。また、インジウムなどの希少金属が付着すると応でなく世界に誇るべき物産だ」。スイゼンジノリ含まれる希少金属の効率的な回収にも役立つ可能性がある。

同グループは、スイゼンジノリを「日本固有の貴重なバイオ資源」と位置付け、有効成分を二年前から探す中でサクランを抽出した。糖の分子が鎖のように連結した多糖類の一種で、「自然界では過去に報告例のない史上最大の分子用具、食品添加剤などへの利用も期待できる。また、インジウムなどの希少金属が付着するとゼリー状に固まることも判明。工場排水中の廃液に含まれる希少金属の効率的な回収にも役立つ可能性がある。

岡島研究員は「産業応でなく世界に誇るべき発見だ」。スイゼンジノリの利用を進める東海大農学部の椎川輝聖准教授は「保全に向けた全国的な研究会のため」と話している。

サクランは純水で自重の六千六百倍、体液化に相当する生理食塩水では二千三百倍、生理食塩水で千倍以上の能力。肌表面は汗などに覆われている状態に近いため、五倍の生理食塩水で能力比較すると、ヒアルロン酸の六倍となり、化粧品より、保湿力は格段に優れている。

魅力的な物質

東京工業大の渡辺順次教授＝高分子＝次第「分野は幅広く、非常に魅力的な物質だ。他の材料など化粧品などからおしめまで、吸水力を生かせるだろう。

◀2012年1月26日「熊本日日新聞」朝刊掲載

スイゼンジノリから発見
ヒアルロン酸以上の保水力持つ物質
「サクラン」活用探る

全国規模の研究会　熊本市できょう発足

高級野菜で「ひご野菜」の一つ、スイゼンジノリのある有の淡水産ラン藻。これから発見された保水力のある高分子物質「サクラン」の活用策を探ろうと、医学、薬学や農学などを全国の学者が参加する研究会が26日、熊本市で発足する。スイゼンジノリは日本固有の淡水産ラン藻。これに含まれるサクランは2006年、北陸先端科学技術大学院大（石川県能美市）の岡島麻衣子研究員＝熊本市出身＝らが発見した多糖類。ヒアルロン酸を超える高い保水力を持つのが特徴。「レアメタル（希少金属）」を吸着して固まる特性も持つ。

保水力に着目した熊本市の化粧品販売会社が10年に化粧品原料として製造、美容液を発売。大手をも含む化粧品メーカー数社が商品化を進めている。

熊本大学院生命科学研究部の有馬英俊教授＝が発起人となり、個別にサクランを研究する学者に参加を呼び掛けたところ、約50人が集まった。事務局は熊本大薬学部に置く予定。有馬教授は「異分野の研究者が集まって情報交換する場にしたい。熊本になじみの深いサクランを社会に役立つものに育て、地域産業にもつなげたい」と話している。

発足に合わせて26日午後3時から、熊本市の県民交流館パレアで、商品化や共同研究に関心のある企業などを対象としたセミナーが開かれる。九州産業技術センター主催。岡島研究員や口津湖本町でスイゼンジノリ復活に尽力している東海大農学部の椎川輝聖准教授、有馬教授はスイゼンジノリ配合した軟こうについて講演する。無料。同センター092（432）5807。

（久間孝志）

有馬英俊教授

スイゼンジノリから抽出したサクラン。高い保水力が特徴

スイゼンジノリと江津湖

◀ 2008年9月7日「熊本日日新聞」朝刊掲載

スイゼンジノリ

水環境示すバロメーター

地下水都市くまもと 江津湖とともに [7]

熊本市の江津湖が発生地とされるスイゼンジノリ。古くは江戸幕府への献上品でもあった一帯は国指定天然記念物だ。しかし研究者によると、「99.9％の絶滅状態」という。

「水の都熊本の環境バロメーター」。東海大学海洋学部・南阿蘇村）の椛田聖孝教授はスイゼンジノリの存在をこう表現する。

水質や日照量、流速などの影響を受けやすく、カルシウムや鉄分を含む湧水とする、七月にあった今年の観察会を反映している。主な原因は水の減少。約三十年前から発生地近くでは、ほとんど上がってこなくなる。椛田教授は、十五年ほど前、ノリが水面をびっしり覆っている時期もあっただけに、「絶滅」という。

このため熊本市は今秋から、近くの湧水から水を引くとともに、数百平方メートルの池を造り、「細胞状態で存在を確認した」工事を実施。常時水があふれる池を造り、「細胞状態で存在を確認した」。二〇一二年から、子どもたちに江津湖の重要性を教える自然観察会を続けている。

「0.1％の可能性にかけてみたい」。椛田教授の訴えにうなずく子どもたちがもしろくみえた。（林田賢一郎）

スイゼンジノリの発生地で、子どもたちに話しかける東海大の椛田聖孝教授（右）＝7月、熊本市の江津湖

▼ 2016年2月17日「熊本日日新聞」朝刊掲載

スイゼンジノリ「老化予防」

東海大農学部 椛田教授ら 疾患原因物質減らす

永井竜児准教授　椛田聖孝教授

老化予防効果が確認されたスイゼンジノリの群体（東海大農学部・椛田聖孝教授提供）

東海大農学部（南阿蘇村）の椛田聖孝教授（61）と永井竜児准教授（47）の共同研究チームは「スイゼンジノリ」を食べた種類のマウスで体内に蓄積している老化や病気の原因となる糖化物質「AGEs（エイジス）」が減少することを発見した。老化予防や食事療法への効果に期待が集まりそうだ。

【4面に関連記事】

実験は、人工的に糖尿病を発症させたマウスを2グループに分け、1グループにスイゼンジノリ1%配合の餌を与え、他方の群には通常食を与え3カ月後、眼球の水晶体からAGEsの含量を測定した。スイゼンジノリを食べたマウスのが、糖尿病マウスと比較してAGEsの値が約6割低く、健康なマウスと同程度のレベルに抑えられていた。ほかの二種類のAGEsの種類も抑制された。AGEsの影響によって血液中のたんぱくが白内障や骨粗しょう症、動脈硬化などを引き起こす医学博士の永井准教授の研究によると、AGEsの体内への影響は若い人ほど糖尿病や肥満の増加に伴う糖化反応によって、高齢者の糖化が高まっている」と指摘する。

椛田教授は「スイゼンジノリを研究して30年以上。朝を続けている。18日、東海大学で大農学部の学生などによる研究成果発表会だが、自然界で生きた史上最高の抗酸化成分を発見しており、その分子がサクランと明らかにする」と解説。今後はAGEsの酸化のメカニズムの分析、要因となる物質の解明に努めたい」と話した。（堀口利雅）

ズーム

スイゼンジノリ　日本固有の淡水産ラン藻類で、「ひご野菜」の一つ。1924年、上江津湖の発生地が国の天然記念物となったが、環境悪化で野生は絶滅。江津湖周辺や福岡県朝倉市などで人工養殖されている。2006年、保水性の高い特有の新物質「サクラン」が発見され、化粧品などに活用されている。

AGEs（エイジス）　グルコースなどの糖をエネルギーに変える際、うまく代謝できずにタンパク質と結合してできる糖化物質。加齢によって蓄積するが、糖尿病や肥満などによっても増加する。身体の老化に影響し、白内障、アルツハイマー型認知症などを悪化させる。

スイゼンジノリと
サクランの
魅力

はじめに

　君の名はスイゼンジノリ。古来より日本の片隅に生きていました。最初に活躍したのは江戸時代。細川藩と秋月藩から徳川幕府への献上品として珍重され、当時の人々の健康維持に陰ながら貢献していました。しかし、君が世界に紹介されたのは明治の初めです。名付け親はオランダの植物学者でした。彼が君を最初に見つけたのが、今の熊本市の水前寺江津湖公園。その場所に敬意を示し、学名の一部にサクルム(Sacrum)すなわち、「神聖な」という言葉を贈りました。後にこの場所の一部は「スイゼンジノリ発生地」として、国の天然記念物に指定されています。

　平成の時代に入り、君はさらに輝きを増しています。サクランと呼ばれる天然素材からの抽出物としては最大の超巨大分子の発見です。発見した日本人研究者は君の名の一部を用い敬意を持って、この新素材をサクランと名付けました。言い換えれば、日本固有の遺伝資源がまた一つ目覚めました。いま多くの研究者が、この資源を生かすべく、日本各地でさらには海外でも基礎・応用の両面から研究を進めています。

松尾芭蕉が「吸い物は先出来されしすゐぜんじ」とスイゼンジノリの加工品を詠んだように、昔から郷土料理の素材として重用されています。日本人に不足しがちなカルシウムや貧血予防のための鉄分などを多く含み、人々は経験的にその価値を理解していました。最新の研究は、君が老化防止にも貢献している可能性を示唆しています。すなわち、加齢に伴い多くの人々が被る白内障、水晶体の白濁を抑制する可能性が実験により明らかになりました。伝統食品のみならず、機能性食品としてもその価値を増しています。

　スイゼンジノリは、限られた清澄な水環境でのみ生きていくことができます。水環境のバロメーター、生物指標の最重要生物の一つです。近年の水環境悪化に伴い、1997年秋、スイゼンジノリ野生株は植物版レッドリストにおいて、絶滅危惧ⅠA類に分類されました。一方で、その命脈を保つため古くから各地で養殖が続けられています。多くの人々の尽力と愛を受け、そして可能性を秘めた、君の名はスイゼンジノリ。

東海大学名誉教授・サクラン研究会会長
椛田 聖孝

目次

はじめに

第1章　スイゼンジノリの魅力と可能性 ──── 7
コラム／グリーンサイエンス・マテリアル 株式会社 ──── 22

第2章　スイゼンジノリ養殖の現状と将来展望 ──── 25
コラム／株式会社 オジックテクノロジーズ ──── 42

第3章　全ゲノム解読を目指した
　　　　スイゼンジノリ細胞の単離 ──── 45
コラム／リバテープ製薬 株式会社 ──── 60

第4章　驚愕の「超」超巨大分子サクラン ──── 63
コラム／株式会社 グラシア ──── 90

第5章　サクラン水溶液の物性と糖鎖の形態 ── 93
コラム／ネイチャー生活倶楽部 ──────── 110

第6章　放射光散乱によるサクランの溶液化学 ── 113
コラム／株式会社 地の塩社 ───────── 128

第7章　サクランのスキンケア効果 ─────── 131
コラム／サクラムアルジェ 株式会社 ────── 144

第8章　サクランの医薬への応用について ──── 147
コラム／メルヴェーユ 株式会社 ──────── 165

あとがき ─────────────────── 166

スイゼンジノリの魅力と可能性

東海大学　椛田聖孝
　　　　　　松田志織
　　　　　　須川日加里
　　　　　　永井竜児

第1章　スイゼンジノリの魅力と可能性

1　スイゼンジノリとは何か

　地球誕生から46億年。スイゼンジノリは、現在の地球環境を作り上げた生命体の仲間です。約30億年前、原始地球の海で発生した海洋性ラン藻（マリン・シアノバクテリア）が、酸素光合成を営み、地球上に酸素をもたらしました。この酸素と宇宙からの強烈な紫外線により、オゾン層が確立され、生命は水（海）中から陸地へと生活する場を広げる事ができました。それが約4億年前といわれ、その後、恐竜の時代等を経て、現在に至る進化を成し遂げています。スイゼンジノリはまさに、この進化をもたらした立役者の一つである生物・ラン藻の仲間です。ラン藻は、熱帯の海から氷海、砂漠に至るまで地球上に広く分布しており、その数は約1,500種に上ります。スイゼンジノリはその仲間ですが、陸水・淡水の中でのみ生活しています。したがって、その起源は地球上に淡水環境が成立した後になると考えられ、ラン藻の中では比較的新しい種類といえます[1]。

　スイゼンジノリの学名は、*Aphanothece sacrum* (Sur.) Okada です。1872（明治5）年に、『日本藻類図鑑』の中で世界に紹介された、日本固有の淡水性ラン藻です。オランダの植物学者・スリンガーが、水前寺の江津湖（熊本市）において発見し、日本特産の珍稀藻類として発表しました。スリンガーは当初、学名を *Phyloderma sacrum Suringar* として発表し、発見地である江津湖に敬意を表し、Sacrum（神聖な）という形容詞を用いたといわれて

います。その後1953（昭和28）年、岡田喜一氏が水田に生えるハマミドリの同属として、学名を改め現在に至っています。

　明治時代、学術的に世に紹介される以前から、スイゼンジノリは、細川藩（熊本）、秋月藩（福岡）で大切に保護・育成されていました。江戸時代から、細川藩では「清水苔(しみずたい)」、秋月藩では「寿泉苔(じゅせんたい)」の名称で、高級郷土料理の素材として、さらに幕府への献上品としても珍重されていました。保存性の高い乾燥ノリは、秋月藩御用商人であった遠藤家７代目が、1793（寛政５）年に製法を完成させています。

　江戸時代から黄金川(こがね)（朝倉市）で養殖されているノリは、川茸(かわたけ)とも呼ばれていますが、これはスイゼンジノリです。外形や大きさが類似したスイゼンジノリの近似種には、イシクラゲとアシツキがあります。イシクラゲ（*Nostoc commune*）は、芝生上などに生育する地上藻であり、細胞は単細胞ではなく糸状体(しじょうたい)です。カワタケとも呼ばれるアシツキ（*Nostoc verrucosum*）は、河川上流の清流中で岩や水草に付着して生育し、スイゼンジノリと酷似していますが、細胞は糸状体よりなり、スイゼンジノリよりも広い範囲に分布しています[1, 2]。

　日本固有種であるスイゼンジノリは、一見、キクラゲを思わせる緑褐色ないし茶褐色の寒天質の塊（写真１）で、湧水のような美しい水に限って生育します。寒天質の中には、多数のマユ型細胞（写真２）が散在し、２分裂しなが

第1章　スイゼンジノリの魅力と可能性

写真1：群体を形成しているスイゼンジノリの外観
（南阿蘇村にて養殖）

ら、細胞外に粘性物質を分泌して増殖します。スイゼンジノリ本体（細胞）の大きさは、短径：3～4マイクロ、長径：6～7マイクロで、顕微鏡でなければ観察できません。

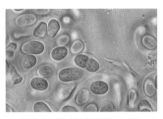

写真2：淡水性単細胞ラン藻・スイゼンジノリの細胞

ちなみに、筆者（椛田）が、マイアミ大学留学中に研究していた、海洋性単細胞ラン藻・*Synechococcus* sp. Miami BG43511（写真3）も、スイゼンジノリと同じような形態、サイズですが、高い水素発生能力を有するラン藻と

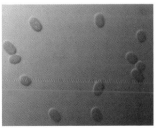

写真3：海洋性単細胞ラン藻・シネココッカスの細胞

11

写真4：国指定天然記念物「スイゼンジノリ発生地」の様子

して、注目されていました。

スイゼンジノリは、その特異な生理生態と分布により、発生地の一つである熊本市出水神社の境内（上江津湖の一部）が、1924（大正13）年に、国の天然記念物に指定されました（写真4）。スイゼンジノリと縁の深い江津湖は、加藤清正とその後に続く細川家に由来する由緒ある場所です[1, 3]。

ところが、1953（昭和28）年の熊本・白川大水害により、天然記念物指定地を含め、熊本市内は川底に溜まっていた大量のヨナ（火山灰：阿蘇地方での呼び名）に覆われました。その壊滅的打撃により、スイゼンジノリは一時絶滅したのではないかと考えられていました。しかし、1966（昭和41）年12月に行われた熊本市教育委員会の調査で、13年ぶりに、その生存が確認されました。

その後、多くのボランティア団体等の活動により、スイゼンジノリは確実にその数を増していきましたが（写真5）、地下水の富栄養化、湧水量

写真5：水面一帯がスイゼンジノリに覆われた発生地の様子（1993年、筆者撮影）

第1章　スイゼンジノリの魅力と可能性

の減少等により、1997（平成9）年秋、スイゼンジノリは、環境庁（当時）作成による植物版レッドリストにおいて、絶滅危惧種ⅠA類に分類されました。さらに、2016（平成28）年の熊本地震により、野生株の生育環境は、非常に厳しい状況に陥っています。しかしながら、益城町、嘉島町や熊本市動植物園等での養殖により、熊本においても、スイゼンジノリはその命脈を保っています。

2　伝統食品から機能性食品へ

　スイゼンジノリは、江戸時代から、細川藩、秋月藩あるいは江戸幕府の一部において、健康に良い食べ物として重宝されていました。スイゼンジノリには、日本人に不足しがちなカルシウムや鉄分が多く含まれ、貧血予防や体調維持に貴重な役割を果たしていたと思われます。もちろん、当時の人々は、科学的な根拠は分からずとも、経験的にその良さを理解していたと考えられます。武士階級のみならず、多くの文人や、地域社会の人々も、その良さを認め、郷土料理の素材としても定着していました[注1]。

　甘木（現・朝倉市）では、スイゼンジノリのことを、蛙子藻と呼んでいたように、生ノリは、プルンとした舌触りがあり、三杯酢や吸い物の具として食していました。また、慶弔時の料理にある「だぶ」（葛でとろ味を

写真6：スイゼンジノリ加工品の数々

つけた汁に、具を入れた郷土料理）や砂糖で煮詰めたお茶請け菓子、さらに、長期保存のため開発された乾燥ノリも利用した精進料理、茶懐石料理などさまざまな形で利用されてきました（前ペ写真6）。近年、筆者らは、

写真7：開発したスイゼンジノリ・チーズ（ソフトタイプ）

酪農県・熊本の特長を加味した、スイゼンジノリ・チーズの開発（写真7）を行うなど、付加価値の向上に努めています。

　スイゼンジノリのアミノ酸としては、必須アミノ酸である、リジンやイソロイシンなど15種類を確認していますが、アミノ酸組成の高いものとしては、アスパラギン酸、グルタミン酸、グリシン、アラニンなどがあります。スイゼンジノリの主な脂溶性色素は、β−カロテン、ゼアキサンチン、クロロフィルaで、その他の脂溶性成分としては、モノガラクトシルジグリセライド、ジガラクトシルジグリセライドなどがあり、中鎖脂肪酸が他の食材より多く含まれているのも特長です。また、水溶性色素は、フィコビリンのフィコシアニンとフィコエリトリンがあり、ラン藻特有の鮮やかな紫色を呈しています。スイゼンジノリを生ノリとして食す際は、塩水で洗うためフィコビリンが除去され、クロロフィルaのみの鮮やかな緑色となります。また、乾物消化率が高く、高い消化性を持つ良好な食素材と考えられます[2, 5, 6, 7]。

第1章　スイゼンジノリの魅力と可能性

次に、筆者らはスイゼンジノリの新たな機能性に注目し、まず抗酸化活性について検討しました。図1は、抗酸化活性試験（ロダン鉄法）の結果を示しています。脂質過酸化

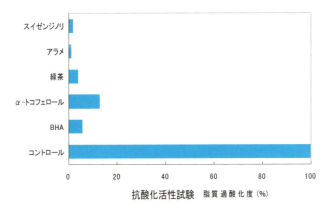

図1：スイゼンジノリの抗酸化活性試験

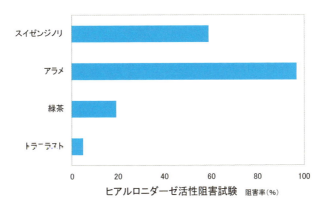

図2：スイゼンジノリのヒアルロニダーゼ活性阻害試験

度（％）が低いほど、抗酸化活性が高いことを意味しています。図１から明らかなように、各試料の最終濃度（0.02％）において、スイゼンジノリは市販の抗酸化食品として広く知られている緑茶およびαートコフェロールや合成抗酸化物質のBHA（ブチルヒドロキシアニソール、酸化防止剤）よりも強い抗酸化活性を示しました。また、抗Ⅰ型アレルギー活性の指標の一つとされるヒアルロニダーゼ活性阻害試験の結果（前ゞ図２）から、市販食品中でヒアルロニダーゼ活性阻害が高いと言われている緑茶のメタノールエキスよりも約３倍強い活性を示しました。したがって、スイゼンジノリは江戸時代からの伝統食品というだけではなく、優れた機能性食品であることが示唆されました。

3　スイゼンジノリの可能性

　日本を筆頭に、世界的にも高齢化の問題が顕在化し、今後、健康寿命の延伸が大きな課題となっています。多くの人は"健康で長生き"を望んでいます。しかし、老化防止はできません。自然災害の分野でも、近年は防災から減災へと対応策が変化しているように、老化防止から老化抑制、すなわち、いかに老化のスピードを抑制できるかが課題となっています。健康の分野で最近よく耳にする「血糖値スパイク」や「腸内細菌叢」という言葉は、まさにその最先端をいくものです。これは全ての年代の人々に関わっていますが、とりわけ年を重ねたシルバー世代には大きな課題

です。

　スイゼンジノリの優れた可能性は、第２章で述べているように一部判明しています。また、江戸時代から多くの人々に食されており、その安全・安心は、人・介在試験で100％担保されていることになります。そこで、新たな機能性を探るため、加齢に伴い生体に蓄積し、さらに糖尿病や動脈硬化などの生活習慣病の進行により蓄積が促進されることが報告されている、メイラード反応後期生成物であるAGEs（Advanced Glycation End-products）に注目しました[8]。

　実験では、モデル動物としてマウス（♂）25匹（n=25と表示）を用い、正常個体（n=6）及び糖尿病誘発個体（n=19）としました。糖尿病誘発個体19匹のうち、10匹のマウスには、１％スイゼンジノリ混合飼料を与えました。

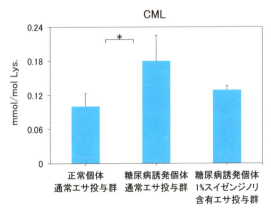

図３：水晶体中のカルボキシメチルリジン蓄積量

したがって、1％スイゼンジノリ含有エサ投与群（n=10)、糖尿病誘発・通常エサ投与群（n=9）、正常個体・通常エサ投与群（n=6）の3つの群に分け、3カ月間投与した後、水晶体と血清中の AGEs 蓄積量を定量しました。

その結果、AGEs の一つである CML（カルボキシメチルリジン）の、マウス水晶体中の蓄積量（前ページ図3）から明らかなように、糖尿病誘発・通常エサ投与群は、正常個体・通常エサ投与群と比べ、CML 含量が有意に増加しました。また、糖尿病誘発・1％スイゼンジノリ含有エサ投与群は、CML 含量が減少しました。さらに、実験に用いたマウス水晶体の実物写真（図4）および、その白濁度レベル（図5）から明らかように、スイゼンジノリを摂食したマウスは、白濁が有意に抑制されました。

主に加齢に伴い、多くの人々が発症する白内障は、水晶

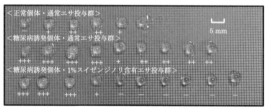
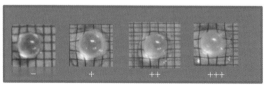

図4：実験に用いたマウス水晶体および白濁進行度レベルの基準

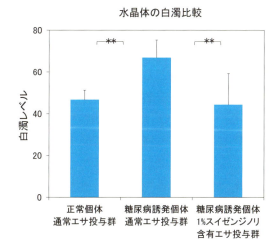

図5：実験に用いたマウス水晶体の白濁度比較

体に蓄積する AGEs の影響と考えられています。モデル動物実験の結果からは、水晶体において酸化によって生成する AGEs である CML の蓄積が、スイゼンジノリを摂食することにより抑制傾向を示したことから、生体レベルでの新たな機能性が示唆されました。そのメカニズムは解明されていませんが、筆者らは、スイゼンジノリの抗酸化作用およびスイゼンジノリ含有成分であるゼアキサンチンの抗炎症作用により、水晶体の白濁が抑制された可能性があると考えています[1, 5, 6, 9]。

4　神秘のラン藻・スイゼンジノリ

　スイゼンジノリの所属するラン藻の種類は、約1,500種に上り、熱帯の海から氷海、砂漠まで至る所に分布しています。しかし、現在食用として利用されているラン藻は、フラミンゴのエサとして有名なスピルリナとスイゼンジノリくらいです。スピルリナは、培養が容易なため、健康食品などの材料としても広く利用されています。また、その分布も地球上広い範囲にわたっています[2]。

　一方、日本固有の淡水性ラン藻・スイゼンジノリは、極めて限定された環境および地域での生育にとどまり、機能性などの有用性と併せ、その起源や偏在性など多くが神秘のベールに包まれています。現在、共同研究者らのゲノム解析や更なる成分分析などにより、スイゼンジノリの謎が少しずつ解明されていますが、学名の一部に用いられている、Sacrum（サクルム）＝「神聖な」のとおり、このまま、神秘のベールで覆われたままでいて欲しいという、勝手な願望が心の隅にあるような気がしています。

　本研究は多くの方々のご協力の賜物です。東海大学農学部の小野政輝博士、井越敬司博士、岡本智伸博士、山下秀次博士、安田伸博士、理学部の増岡智加子博士には、とりわけ多くのご尽力を賜りました。また、（資）遠藤金川堂様、（有）喜泉堂様、東海大学農学実習場スタッフの方々、そして、東海大学農学部・草地生態学研究室、生物資源科学研究室、食品生体調節学研究室の皆様の多大なご協力を頂きました。改めて、心からのお礼を申し上げます。

第1章　スイゼンジノリの魅力と可能性

参考文献

1. 椛田聖孝・金子達雄、2009、新発見「サクラン」と伝統のスイゼンジノリ、(株) ハート出版、東京
2. 椛田聖孝、2003、食品加工総覧、農文協、東京、563-569
3. 清水正元、1984、澄んだ湖をつくる、朝日新聞社、東京
4. 陸田幸枝、1997、もうひとつの旬・川茸、サライ (Vol.9)
5. 椛田聖孝・岡本智伸・小田原健・中薗孝裕・菊池正武、1997、淡水産ラン藻、スイゼンジノリ (*Aphanothece sacrum* (Sur.) Okada) の一般成分および培養法に関する研究、九州東海大学農学部紀要、第16巻
6. 椛田聖孝、2001、日本固有種ラン藻・スイゼンジノリの培養およびその機能性成分の検索、九州東海大学総合農学研究所所報、第17号
7. 椛田聖孝・岡本智伸・笹田直繁・小野政輝・井越敬司・小林弘昌・増岡智加子・伊東保之、2005、日本固有種ラン藻・スイゼンジノリ (*Aphanothece sacrum* (Sur.) Okada) の培養および構成単糖と機能性の検索、九州東海大学農学部紀要、第24巻
8. 白河潤一・永井竜児、2015、生体におけるメイラード反応の影響、化学と生物、Vol.53、No.5
9. *Aphanothece sacrum* (Sur.) Okada prevents cataractogenesis and accumulationof advanced glycation end-products in type 1 diabetic mice, S. Mtsuda, H. Sugawa, J. Shirakawa, R. Ohno, S. Kinoshita, K. Ichimaru, S. Arakawa, M. Nagai, K. Kabata and R. Nagai, Journal of Nutritional Science and Vitaminology.

サクラン事業の意義

　大手の電機メーカに勤務していました私は、2006年の夏頃、姉の岡島麻衣子から、「スイゼンジノリから面白い物質が発見された」と聞かされました。それがスイゼンジノリとサクランとの最初の出会いでした。

　そして、福岡の黄金川を訪れて、スイゼンジノリと生育環境の保全というテーマに触れることになり、事業化することでこのテーマを解決できるのではないかと思い、2007年にグリーンサイエンス・マテリアル株式会社を設立しました。

　事業開始直後は、右も左も分からない状況で、とにかく、入口から出口までを最短でどのように繋げれば良いかという事ばかりを考えており、今振り返ってみると、余裕がなく近視眼的で大義を見失っていたと反省しています。

　一方で、余裕のない時期であっても、この事業を成功させるためには、スイゼンジノリの養殖、培養の成功が必須であると考えておりましたので、5年以上前から大学と共同で効率のよい養殖

法や人工培養に挑戦してきました。

　事業を進めていく中で、多くの方からさまざまなご協力を賜り、スイゼンジノリとサクランを熊本から世界に発信して、熊本の産業にするという大義の下にスイゼンジノリからサクランまでを一貫して生産できる体制を取ることができました。

　本事業は、日本の豊かで再生可能な地下水資源から機能性の素材を作り出すという循環型社会への貢献において、非常に意味のある事業であると考えています。

グリーンサイエンス・マテリアル 株式会社
代表取締役　金子慎一郎

第2章

スイゼンジノリ養殖の現状と将来展望

崇城大学　西田正志
　　　　　岩原正宜
　　　　　八田泰三

グリーンサイエンス・マテリアル株式会社　金子慎一郎

第2章　スイゼンジノリ養殖の現状と将来展望

1　スイゼンジノリ養殖の現状

　スイゼンジノリは絶滅危惧種ⅠA類に指定されており、人の力を借りずに自然の状態で生育することが極めて困難な状況になっています。市場に流通しているスイゼンジノリは全て養殖されたもので、2016年現在、福岡県朝倉市の黄金川（次ページ写真1）、熊本県上益城郡益城町（次ページ写真2）、熊本県上益城郡嘉島町の3カ所で人工的に養殖がなされています。

　福岡県朝倉市の黄金川では、江戸時代より天然の川を利用して養殖がなされてきました。しかし近年、川の水源となる湧水の減少に加え、水質の富栄養化により珪藻や緑藻類、外来種の浮草などが、大繁殖をするようになってきたため、自然の状態での養殖が不可能になりました。これに対して、福岡の養殖業者は、電動のポンプを利用して地下水をくみ上げることで養殖に必要な水の量を確保しました。さらに他の藻類の繁殖を防ぐために、光合成を阻害する遮光ネットを利用することで養殖を継続してきましたが、懸命の努力にも関わらず、収穫量が全盛期の10分の1以下に落ちてきています。しかしながら、養殖業者の熱心な保全への啓発活動により、ここ数年で行政による保全の動きが出てきており、今後、黄金川が再生していくことが望まれています。

　熊本県では、過去に江津湖や水前寺公園、その他の湧水群にてスイゼンジノリが生息していた記録がありますが、1953（昭和28）年の白川大水害による生息環境の汚濁によ

写真1　福岡県朝倉市の養殖施設

写真2　益城町赤井貯水池（左）、益城町養殖場（右）

り壊滅的なダメージを受けてしまい、現在は自然の状態での生息が確認されていません。そのため自然の川や池を利用した養殖はなされておらず、養殖用の人工プールに地下水を流水して養殖が行われています。スイゼンジノリの養殖には、阿蘇山が噴火した時にできた地層を通った地下水が必要であると考えられています。益城町と嘉島町の養殖場で使われている地下水は、砥川溶岩の層を通った水が利用されています。

2 スイゼンジノリを養殖できる条件について

　スイゼンジノリの養殖には、それに適した多量の良質な地下水、適度な日照が必要であることが分かっています。大量の良質な地下水が必要な理由は、水が淀むことで珪藻類や緑藻類が大量発生し、スイゼンジノリの生育を阻害することを防ぐのに役立っているためです。そのため、養殖場を作るためには場所の選定が難しく、適地であったとしても、優れた水田地帯として利用に制限がかかっている場合が多いのが現状です。また、福岡の黄金川や熊本の嘉島町の養殖場の場合には、必要量の地下水を得るために電動ポンプで揚水するため、多くの電気代を必要とするという問題も抱えています。

3 サクランの市場と
　スイゼンジノリの量産方法の検討へ

　近年、スイゼンジノリから抽出される特許物質であるサクランは、高い保水力、保湿力、フィルム形成能力を有し、その特性を活かした化粧品原料の事業化成功に役立っています。たとえば最終製品である化粧品市場においては、原料販売からの推定では、5年前までは存在しなかった新市場が4億円程度まで拡大しており、今後、ますます需要が増すことが予測されています。また、化粧品原料以外にも、医薬用途としての応用が期待できる研究成果が報告されていることから、近い将来にはこれらの分野での市場が生まれることが期待されます。さらに、スイゼンジノリの生産

量を増やし、サクランの市場価格を下げることができれば、天然の高分子吸水体やレアメタル回収剤をはじめ、サクランの優れた性質を活用した工業材料の分野での市場も期待できます。

スイゼンジノリが将来有用なバイオ資源としての需要を満たす上で、収穫量の増加と安定化は、克服しなければならない喫緊の課題であるといえます。スイゼンジノリの安定的確保の方法として、現在行われている自然環境を利用する養殖とは別の量産技術の開発も望まれています。その一つは、養殖場より産出されるスイゼンジノリ天然株を種菌として用いて、環境条件を制御した屋内で培養することにより、従来の養殖事業で多量に必要とされる地下水の消費量を削減して、サクラン抽出用のスイゼンジノリの高効率かつ安定的な生産を目指すものです。このような生産システムを開発することによって、サクランの安定的な生産とコストダウンを図ることが可能になるとともに、スイゼンジノリ生産拠点を分散させることで、自然災害などによるリスク回避にも効果的であると考えられます。

4　量産化に向けた目標設定

屋内型の人工培養技術を開発するに当たり、現状の把握と目標設定を行いました。図1は熊本県の養殖施設のプール内に、網目が8mm程度のプラスチック網カゴの約20Lを浸漬し、容積当たり約200gのスイゼンジノリを入れ、網カゴ内部のスイゼンジノリ増殖の推移を藻体湿重量で示し

第2章 スイゼンジノリ養殖の現状と将来展望

たものです。スイゼンジノリは夏前と秋季に増殖性が高く、冬季に低いことが分かりました。養殖施設の水は地下水を直接流入しているので、年間を通じて18℃前後に保持されています。これに対して日照の強さや時間は季節変動することから、日照の影響が大きく、スイゼンジノリに当たる照度が高すぎても低すぎても良くないと考えられます。また季節によって多少のばらつきがあるものの、スイゼンジノリが増殖を始めて6～8週間ほどで湿重量の低下が認められます。これは、周期的に藻体を形成するゲルが軟化してその群体が崩壊するようにして細分化し、プラスチック網カゴの隙間を抜けて流出する事による重量減少であり、スイゼンジノリが成長の過程で集積した藻体を分散化させているためと考えられます。そのため、サクラン抽出用ス

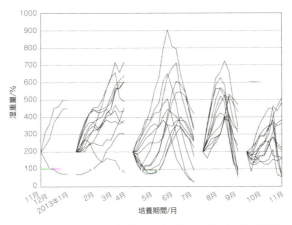

図1 プラスチック網カゴを用いた養殖場培養における培養期間とスイゼンジノリ湿重量の関係

イゼンジノリの量産という観点からは、長期間の培養による出荷はあまり効率が良いとは考えにくく、1カ月を培養サイクルのめどに量産した方が望ましいこと、およびその際の増殖倍率として、5倍以上を量産実用化の目標値に据えました。

5　量産化に向けた課題と解決への取り組み

　実際に開発を行う過程で、人工培養技術として検討すべきいくつかの課題を見いだしました。第一の課題は、スイゼンジノリと共存・競合する他種藻類の影響をできる限り抑える必要があることです。スイゼンジノリ養殖場に生育する天然株を顕微鏡観察すると、図2のように藻体の中心部分にはサクランゲルに包まれるようにして小判型のスイゼンジノリ細胞が高純度に集積して存在していることが分かりますが、藻体の表面部分では緑藻類および珪藻類が多数付着するようにして存在していることが観測されます。特に珪藻類は高い頻度で観察され、時には舟形の珪藻が、スイゼンジノリ藻体表面に突き刺さるようにして覆っている場合も認められます。このような状態では、スイゼンジノリへ供給されるべき栄養分が珪藻類に横取りされてしまい、さらに光合成に必要な光がスイゼンジノリ藻体に十分に当たらないと考えられ、その結果としてスイゼンジノリ藻体の減衰が観測されます。したがって、スイゼンジノリの人工培養を行うに当たっては、共存する他種藻類、特に珪藻類を除去し、できるだけ藻体純度が高い種菌を確保す

第2章　スイゼンジノリ養殖の現状と将来展望

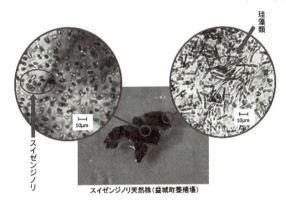

図2　スイゼンジノリ天然株の顕微鏡写真

ることが、高効率培養に必要な条件であると考えられます。図2で示したとおり、スイゼンジノリの細胞がサクランゲル中に存在するのに対し、珪藻類は藻体表面に付着している事に着目しました。スイゼンジノリ天然株を適当な大きさに細断して、それを超音波照射と流水によるすすぎ洗いを繰り返すことで、少なくとも純度99％以上となるスイゼンジノリ藻体が得られることを見いだしました。具体的には、まず原料であるスイゼンジノリ天然株を、ホモジナイザーにて4000rpm程度で30秒間ほど細断します。その目安として、スイゼンジノリの藻体が1cm以下程度になればよく、筆者の場合は破砕後のスイゼンジノリをふるいでろ過および水による洗浄を行いながら、1～3mm、あるいは3～5mm程度の大きさになるようにしています。次いで、超音波洗浄機にて120Wで5分間ほど照射を行い、茶こし

33

などでろ過して水ですすぎ洗いを行います。照射する超音波は、高出力ないし長時間行うとスイゼンジノリ藻体へのダメージを生じるようになります。そのために、適度な出力に抑えて、比較的短時間の照射を複数回繰り返すことが重要で、超音波洗浄後の洗液中の菌体量の観測および藻体の顕微鏡観察から、通常は3、4回程度繰り返せば種菌として用いるのに十分な99％以上の精製度合いのスイゼンジノリが得られると考えています。

　超音波洗浄法により、藻体純度が高いスイゼンジノリを種菌として獲得できたとしても、微量に共存する珪藻類が何らかの原因で増殖し始めると、スイゼンジノリをはるかに上回る速度で増殖し、スイゼンジノリの増殖が妨害されることが観測されました。これを防止する手段の一つとして、人工培養の培地にスイゼンジノリの増殖には影響せず、珪藻類の増殖は阻害するような試薬を添加することを検討しました。珪藻の成長・増殖には水中のケイ素化合物の吸収・蓄積が重要であることから、生物のケイ素の吸収・蓄積に拮抗的な作用を示すことが知られている無機ゲルマニウムの添加を検討しました。前述の超音波洗浄で精製したスイゼンジノリと、超音波洗浄後の洗液から得られた珪藻を、酸化ゲルマニウムが種々の濃度で添加された培地で培養し、ゲルマニウム無添加の培地で培養した場合（対照）との外観上の差異を比較しました。その結果、酸化ゲルマニウムとして15ppm添加培地では、スイゼンジノリは対照と差異がないのに対して、珪藻は2日目以降、藻体の減

少および淡色化が起こり、成長阻害効果が認められました（表１）。この差異は、珪藻の方が藻体の増殖・成長に対するケイ素化合物の要求性が高いためと考えられますが、より高濃度のゲルマニウムを添加した培地では、スイゼンジノリにも増殖阻害の影響が認められます。常時培地に添加するという使い方には適さないと考えられますが、一時的に珪藻の増殖を抑える手段としては有効であると考えられます。

培地中の酸化ゲルマニウム濃度（ppm）	藻体の種類	GeO_2無添加培養との差異				
		1日後	2日後	3日後	4日後	7日後
0.80	スイゼンジノリ	±	±	±	±	±
	珪藻	±	±	±	±	±
1.9	スイゼンジノリ	±	±	±	±	±
	珪藻	±	±	±	±	−
3.8	スイゼンジノリ	±	±	±	±	±
	珪藻	±	±	±	±	±
7.5	スイゼンジノリ	±	±	±	±	±
	珪藻	±	±	±	±	−
15	スイゼンジノリ	±	±	±	±	±
	珪藻	±	−	−	−	−

±：差異無し，＋：藻体の成長，−：藻体の減少・淡色化

表１　酸化ゲルマニウムによる藻体への増殖阻害効果

　第２の課題は人工培養用の培地の組成を適切に調整することにあります。藻体量の維持や微増が認められるレベルであれば、ラン藻用に標準的に用いられるBG-11液体培地のイオン組成を模した合成培地を用いても可能ですが、

スイゼンジノリの量産化技術として満足できる増殖量を得るためには不十分であることが分かりました。そこで、スイゼンジノリに関係する水の水質が培地の組成を決める一つの基準となると考えられることから、スイゼンジノリ生息地の水質分析を行い、結果の一例を表2に示します。水質分析結果からは、明瞭に特定の水質に収束するような傾向は認められませんが、益城町養殖場の水は有機体炭素が高めなものの、その他の主要イオン濃度は福岡県養殖場に近く、嘉島町養殖場はそれらよりも硝酸イオン、硫酸イオン濃度が高いという特長があると考えられます。

採水地 (分析年)	熊本県上江津湖湧水 (2011)	熊本県嘉島町養殖場 (2012)	熊本県益城町養殖場 (2015)	福岡県朝倉市黄金川 (2012)
pH	7.13	6.72	7.17	7.27
電気伝導度 (mS/cm)	0.221	0.228	0.154	0.153
有機体炭素 (ppm)	1.00	0.75	1.79	0.56
$[Na^+]$ (ppm)	14.7	14.1	9.86	9.76
$[K^+]$ (ppm)	14.7	14.1	9.86	2.95
$[Mg^{2+}]$ (ppm)	8.85	8.40	2.72	2.79
$[Ca^{2+}]$ (ppm)	17.4	16.9	17.3	17.5
$[Fe^{3+}]$ (ppm)	0.011	0.028	<0.01	<0.01
$[Cl^-]$ (ppm)	8.23	7.74	6.23	6.32
$[NH_4^+]$ (ppm)	<0.1	0.10	<0.1	0.15
$[NO_2^-]$ (ppm)	0.003	0.003	<1.0	0.012
$[NO_3^-]$ (ppm)	19.9	13.2	7.97	4.95
$[SO_4^{2-}]$ (ppm)	27.1	34.4	13.0	13.5
$[PO_4^{3-}]$ (ppm)	0.18	0.27	<1.0	0.02

表2 スイゼンジノリに関係する天然水の水質分析値

これらの分析値を参考に、イオン交換水にナトリウム、カリウム、マグネシウム、カルシウム、鉄の硝酸、硫酸、塩化物、炭酸塩を適宜溶解して、無機イオン濃度の分布が異なる合成培地を各種調製して、スイゼンジノリ培養を検討比較しました。その結果、培地としては比較的貧栄養な条件が望ましく、栄養塩類の濃度が高すぎると増殖に負の影響を示す傾向が認められました。培養液のイオン濃度が表３のような組成の合成培地で優れた増殖性を示すことが分かり、図３（次ページ）には滅菌した合成培地100mLにスイゼンジノリ種菌を湿重量で1.0ｇ接種して、培養した際の培養日数とスイゼンジノリ湿重量の変化度〔(重量変化度) ＝ (培養後のスイゼンジノリ湿重量) ÷ (培養開始時のスイゼンジノリ湿重量)〕の推移を示しました。目標に定めた効率で増殖が進行しており、培養開始から60日を過ぎても増殖が継続しており、養殖場にて初期密度が同じ条

成分	濃度範囲
Na^+	9.91〜75.4　ppm
K^+	2.79　ppm
Mg^{2+}	2.72〜5.01　ppm
Ca^{2+}	17.0〜73.8　ppm
Fe^{3+}	0〜1.01　ppm
Cl^-	6.25〜106　ppm
N (NO_3^-)	1.11〜4.52　ppm
S (SO_4^{2-})	4.38〜18.0　ppm
P (PO_4^{3-})	0〜0.105　ppm
Si (SiO_3^{2-})	0〜40.0　ppm

表３　合成培地の組成

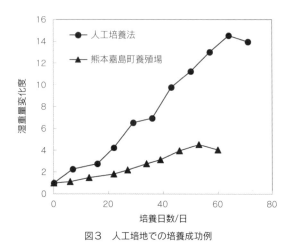

図3　人工培地での培養成功例

件で培養した場合と比較して、約60日間で3.6倍の重量増加度が得られました。さらに、スイゼンジノリ単位収穫量当たりの水の消費量は、494分の1に減少しており、実験室レベルではありますが、スイゼンジノリの人工培養において、大幅な高効率化を達成できました。

　その後の検討で、同じ培地を用いても産地の異なるスイゼンジノリでは、増殖の様相が異なることが分かりました。図4の○は熊本県嘉島町養殖場産スイゼンジノリ、●は熊本県益城町養殖場産スイゼンジノリを種菌として、合成培地で培養したときの培養日数と藻体の湿重量増加度の関係を示しています。嘉島町養殖場産スイゼンジノリと同一条件下で益城町養殖場産スイゼンジノリを培養しても▲のような形で、量産化に満足のいく増殖を示さない場合が多い

第2章 スイゼンジノリ養殖の現状と将来展望

ことが分かりました。このため、益城町養殖場産スイゼンジノリの量産に適した培地を別途検討しました。合成培地は、各種無機塩の所定量をイオン交換水に溶解後滅菌したものであり、量産化用の培地として考えた場合には、イオン交換水を用いることに由来する量産培地がコスト高になるので、天然水をそのまま培地溶媒に用いることも併せて検討することにしました。すなわち、図4の▲は益城町養殖場湧水をオートクレーブ滅菌したものを培地に使って、益城町養殖場産スイゼンジノリを培養した結果であり、目標値には届かないものの、合成培地より高い増殖を示しました。さらにこの変化は藻体重量が増加、言い換えると培地当たりの藻体密度が高くなったときに増殖量が頭打ちす

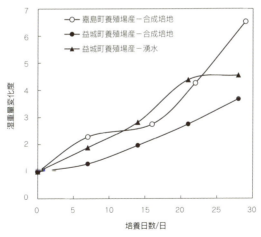

図4 産地および培地の違いによるスイゼンジノリの培養日数と重量変化度の関係

るようにも見えますので、益城町養殖場湧水に適切な成分を追加すれば、量産化に適した培地になり得ると考えて検討を行いました。

現在までに分かっている事として、塩化物塩、硝酸塩の添加は増殖効率の向上に高い効果は認められず、特に硝酸塩を添加すると、むしろ負の影響を示す傾向にあることが分かりました。その一方で、硫酸塩の添加が増殖に大きく影響することが分かりました。図5は、益城町養殖場湧水に硫酸マグネシウムを添加して、硫酸イオン濃度を種々変化させた培地を用いて、4週間培養した際の培地中の硫酸イオン濃度とスイゼンジノリ湿重量の変化度重量の関係を示しています。硫酸イオン濃度が32ppmを極大とする形

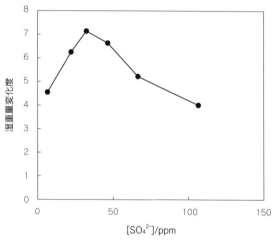

図5　培地の硫酸イオン濃度と4週間培養後の湿重量変化度の関係

で増殖効率は向上し、4週間で7倍以上の増殖効率を示しました。これは、スルホン酸基を有する多糖類であるサクランの産生に水中の硫酸イオンが必須であり、閉鎖系の静置培養に用いる培地としては湧水の濃度より高いことが望ましく、一方で硫酸イオン濃度が高すぎるとスイゼンジノリ増殖に対して阻害的影響を示すと考えられます。

　以上、スイゼンジノリの安定的確保を可能にする方策として、養殖場のスイゼンジノリ天然株を種菌とする人工培養法を検討し、小規模の静置培養において、目標設定である4週間で5倍以上を超える増殖条件のいくつかの実例を明らかにすることができました。一方、量産化にむけては、培地の水質条件を明確になるよう精査すると共に、培養光源の照射条件やスイゼンジノリ藻体の培養密度などを詳細に検討しています。これらの成果をもとに、今回紹介した50〜100倍のスケールでの培養を確実に成功させることで、スイゼンジノリの安定的確保の道を開き、今後のサクランの工業的大量生産へと発展する成果が期待できると考えています。

スイゼンジノリからサクラン抽出

　株式会社オジックテクノロジーズでは、グリーンサイエンス・マテリアル株式会社からの委託で、スイゼンジノリからサクランの抽出を行っています。弊社がサクラン抽出事業を始めたのは、水前寺界隈で育った社長の金森が地域の活性化を考える中で、地域資源であるスイゼンジノリから抽出されるサクランに興味を持ったからでした。北陸先端科学技術大学院大学の岡島先生がサクランについて紹介されたテレビ番組を見て、「サクランについてすぐに調査するように」と指示が下りました。

　弊社はもともと表面処理技術の開発と製造を行っています。その中で培ったクリーン化技術、洗浄技術、化学技術、工程管理技術、量産技術、品質管理技術、分析・解析技術を活かし、サクランの抽出事業に取り組むことになりました。

　サクランの抽出は、大きく分けて「色素除去」「抽出」「精製」「乾燥・梱包」の4工程になります。大学で確認されている基本の抽出方法から、工業的に量産化するために、どのように「高品質」で「効率的」に抽出していくのかが大きな問題です。

ビーカーワークから始まり、徐々に規模を上げて大学抽出サクランと同等品ができるようになり、2015年に量産ラインでの処理を開始しました。

　サクランの抽出に関して、「最も重要な工程は？」とよく質問されますが、全ての工程のどれか1つが不十分であると規格をクリアするサクランは得られません。弊社では、工程ごとに詳細な処理条件を決めています。

　サクランは現在、化粧品材料としていろいろな商品で使用されるだけではなく、その他の分野での利用も検討され、特性を活かした機能性材料としての応用が期待されています。

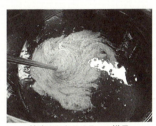
抽出されたサクランの様子

熊本の地域資源から機能性材料が生み出せることは、熊本に位置する弊社にとって大きな喜びであり、まさに"地方創生"であると考えています。これからも安定的なサクランの抽出を行うとともに、各種用途に向けたバリエーションの展開を図っていきます。

株式会社 オジックテクノロジーズ
佐藤清明

第3章

全ゲノム解読を目指した
スイゼンジノリ細胞の単離

東海大学 山下秀次
小田雅人
椛田聖孝

第3章　全ゲノム解読を目指したスイゼンジノリ細胞の単離

1　ゲノム解読の必要性

　生物の持つDNAの全ての塩基配列を解読するゲノムプロジェクトは、生命科学観を大きく変えました。2001年のヒトゲノム概要配列の発表、そして2003年の詳細配列の発表をもってゲノムプロジェクトの象徴であったヒトゲノム解読はひとまず完了しました。それ以降、個別の遺伝子の解析にとどまらず、ゲノムワイドに網羅的な解析が可能となり、「全体」を見渡すことができるようになりました。

　ヒトに先んじること8年、1995年に自律的に生きていくことができる生命体のゲノムとしてインフルエンザ菌ゲノムが最初に解読されました。ところが、いまだにインフルエンザ菌がどのようにして生命体として成り立っているのか、その分子メカニズムの全てが分かったかというと、分かっていないと言わざるを得ません。全遺伝情報には確かに有限性がありますが、その有限な遺伝情報をベースにして、どのように生命活動が繰り広げられているかという疑問に対する答えは分からないままなのです。

　ゲノム情報は究極の生命情報と呼ばれることがあります。しかしながら、「究極」とはそれが分かってしまえば、全てが分かるという意味ではありません。その情報が基盤にあるということなのです。生命現象には階層性があります。すなわち、DNAからRNA、タンパク質、細胞、組織、器官、個体、集団、環境までさまざまな階層があります。その階層性を支える一番の大本にある情報がゲノム情報なのです。ゲノム情報はほとんど一生変わらない情報ですが、

それが現実にどのように発現するかが問題なのです。そのことを明らかにするために、トランスクリプトーム（RNAの総体）、プロテオーム（タンパク質の総体）、インタラクトーム（相互作用の総体）、メタボローム（代謝産物の総体）といったデータを解析する新たな時代に突入しています。それらは環境で決まるわけです。ゲノムは最初に与えられた情報として宿命的なところがありますが、細胞レベルにしても環境（生命体のミクロな環境や外界の環境）との相互作用によってゲノムから取り出される情報が大きく違ってきます。

したがって、現在の生命科学における研究手法的な趨勢として、プラットフォームとなるゲノム情報を手に入れることが常套手段となっています。そのため、モデル生物のみならず、研究対象となるさまざまな生物種において、今でもゲノムプロジェクトが進行しているところです。

2　新たなシークエンシング技術

次世代シークエンサーとは、1977年に F. Sanger によって開発されたジデオキシヌクレオチドを用いた DNA の塩基配列の決定法（サンガー法、ジデオキシ法）を利用した「第1世代シークエンサー」に対比して使用される専門用語です。従来型の第1世代シークエンサーはさまざまな生物種のゲノム解読に非常に大きく貢献してきましたが、次世代シークエンシング技術の開発の主たる目的は、塩基配列決定にかかる経費のコストダウンです。米国では、2003

第3章　全ゲノム解読を目指したスイゼンジノリ細胞の単離

年のヒトゲノム詳細配列の発表以降、国立衛生研究所の下部機関である国立ヒトゲノム研究所が＄1,000でヒトゲノムを解読することを目指す研究に補助金を提供しました。50機関以上のベンチャー企業や研究組織が次世代シークエンシング技術を開発した結果として多様な技術や機器が誕生しました。これらの技術や機器の特長からさまざまな分類がなされていますが、ここでは第2世代から第4世代までに分類することにします。

　第2世代シークエンサーでは、ヌクレオチドを一つずつ合成するごとに蛍光・発光などの光を検出することを超並列的に実施して塩基配列を決定します。そのために特殊で高価な試薬や検出装置を必要とします。また、第3世代や第4世代と比べて単位時間当たりに決定できる配列量も大きくないのでコストが高くなります。他方、第3世代シークエンサーは、1分子のDNAを鋳型としてDNAポリメラーゼの合成スピードに応じて順次、塩基配列を決定していきます。したがって、単位時間当たりの配列決定量も大きく、コストダウンにつながることが期待されています。従来は、クローニングやPCRによってDNA断片を増幅して解読していたので、どうしても増幅によるバイアスが存在しましたが、そのバイアスがなくなり、精度が高まります。さらに、第4世代シークエンサーは、光検出を行わないpost-lightシークエンシング技術に基づくものであり、試薬代が安価になり、かつ光検出装置が必要なくなり、機器も安価になることが期待されています。

次世代シークエンサーが注目される理由の一つはもちろんその処理能力です。サンガー法に基づく従来型の第1世代シークエンサーと比べて数百倍から数万倍の処理能力を持っています。しかしながら、次世代シークエンサーが生命科学にインパクトを与えている理由は、処理能力の驚異的・挑躍的な進化による超高速化・大量解読化にとどまりません。次世代シークエンシング技術の最大の特長はその用途の多様化にあります。トランスクリプトーム解析、転写制御ネットワーク解析、腸内細菌の動態解析など塩基配列以上の情報を得るための戦略に基づいて技術開発が進められています。

　かつて、水道水でよく洗浄された後、凍結保存されていたスイゼンジノリ藻体から抽出した高分子DNAを用い、第2世代シークエンサーによってゲノム解読にチャレンジした経験があります。結果は惨敗でした。その後の検討により、使用したDNAの90％近くがスイゼンジノリ以外の微生物に由来することが推定されました。つまり、肉眼で確認できる程度の大きさの異生物は取り除いていたものの、スイゼンジノリ藻体にはスイゼンジノリ以外の微生物も存在していたのです。

3　純粋培養の試み

　次世代シークエンサーによるゲノム解読にはスイゼンジノリのみの細胞集団を得る必要があります。そこで、ラン藻類を単離するための最も一般的な方法である寒天培地を

第３章　全ゲノム解読を目指したスイゼンジノリ細胞の単離

用いた単一コロニーの分離を試みました。材料には、阿蘇山水系の湧水から水を引いて作られた人工川で養殖されたスイゼンジノリ藻体を用いました。培地には、T. Fujishiro *et al.*（2004）がスイゼンジノリの培養に適していると報告した AST 培地を使用しました。まず、藻体を乳鉢・乳棒で破砕し、目の粗いガラスフィルターでろ過した後、徐々に目の細かなナイロンメッシュフィルターを用い、最終的には10μm 角の網目でろ過しました。その後、耐熱ガラス棒を曲げて作ったスプレッダーを用いて AST 寒天培地にろ液を塗布し、25℃、明暗12時間ずつ、照度2,000～3,000ルクスの蛍光灯下で培養しました。

　およそ３日目には緑色の極小のコロニーが出現しました。つまようじの先端で突っつくことができる大きさになるまでワクワクして１週間待ちました。緑色のコロニーを拾い上げてスライドガラスに塗りつけ、カバーグラスをして400倍に倍率を上げた顕微鏡で観察しました。その結果、鮮やかな緑色の同一形状の細胞が整然と並んでいる状態が確認されました。しかしながら、単離された細胞はスイゼンジノリではなく、緑藻類のものでした。いくつものコロニーを観察してみても全て緑藻類ばかりでした。その後、寒天培地の濃度を変えたり、照度を変えたりと条件を変更して行いましたが、緑藻類のコロニーのみしか得られませんでした。

　スイゼンジノリのコロニーが得られなかったので、寒天培地での培養を諦めて液体培地で分離することにしました。

培養器具には直径6〜7mmの丸穴が縦に8個、横に12個並んでいる96穴マイクロプレートを利用しました（写真1）。まず、寒天培養と同様にスイゼンジノリのろ液を調製した後、血球計算盤を用いて細胞数を計測しました。培地には、緑藻類や珪藻類が生育し難いように、窒素分のみを極力減らした「改変AST培地」を用い、1穴あたり5〜50個の細胞が入るように希釈して寒天培養と同一条件下で培養しました。

10日目になると実体顕微鏡下でコロニーが観察できるようになり、20日目以降になると肉眼で確認できるような大きさに育ち、3色のコロニーを識別することができました（写真2）。400倍の倍率で確認したところ、明るい緑色のものは緑藻類、オレンジ色のものは珪藻類、そして緑褐色

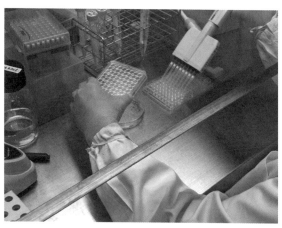

写真1　96穴マイクロプレートを利用した液体培養の様子

第3章　全ゲノム解読を目指したスイゼンジノリ細胞の単離

写真2　液体培養で得られたスイゼンジノリのコロニー

のものは緑藻類も珪藻類も混在してないスイゼンジノリの細胞集団が観察されました。純粋培養に成功したものと喜び勇んで、カバーグラス上にオイルを1滴垂らし、レボルバーを回して対物レンズを40倍から100倍に変えました。そこには、スイゼンジノリ細胞の周りの明るく透明な液体

53

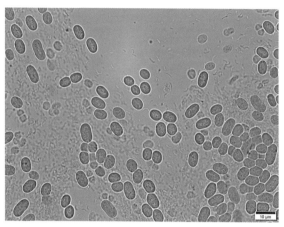

写真3　スイゼンジノリコロニーの顕微鏡像（1000倍）

の中に細かく律動するおびただしい数の小さな微生物が観察されました（写真3）。念のために、緑褐色のコロニーが認められた小穴に細菌培養の培地を少量加えて培養を続けたところ、1週間以内に全ての小穴が白濁してしまいました。スイゼンジノリのみの細胞集団であると思われた緑褐色のコロニーには小さな微生物（細菌類）が混在していることが明らかとなりました。スイゼンジノリの細胞外多糖類は、それ自身を保護したり、細胞の集合状態を維持したりするばかりでなく、細菌類の格好の棲み処となっていたのです。

4　密度勾配遠心法による細胞の単離

　スイゼンジノリ細胞の純粋培養を試みたところ、緑藻類や珪藻類を除去することには成功したものの、細菌類を除去するには至りませんでした。そこで、培養法によらずスイゼンジノリ藻体から高収率で細胞を単離するためにPercoll（GE Healthcare）という試薬を用いた密度勾配遠心分離法を試みました。Percoll密度勾配遠心分離法は物質の密度差を利用した分離法であり、細胞小器官を分離する際にもよく利用されています。したがって、他の微生物と細胞外多糖類を効率よく除去し、スイゼンジノリ細胞のみを単離できるのではないかと考えました。

　材料には、培養法と同様に人工川で養殖されたスイゼンジノリ藻体を用いました。まず、5 mm角に切断した藻体に0.1× AST培地を加え、ニードル型超音波細胞破砕装置を用いて氷冷しながら細かく破砕し、目の粗いガラスフィルターでろ過しました。次に、ろ液を1,500×gで5分間遠心し、上清を除いた後、AST培地に沈殿を再懸濁させて遠心する操作を3回繰り返すことで水溶性の夾雑物を取り除きました。その後、沈殿を再度AST培地に懸濁し、Percollを最終濃度が10％となるように加えてよく懸濁させ、4℃、1,500×gで15分間遠心しました。この等密度勾配遠心によってスイゼンジノリを含む細胞集団を沈殿として、大部分の細胞外多糖類を上層画分として明確に分離することができました（次ジ写真4）。得られた沈殿を20％ Percollに懸濁して100％ Percoll、80％ Percoll、60％

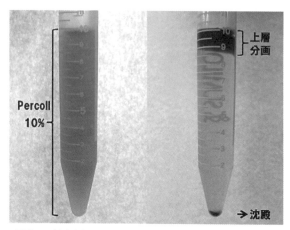

写真4 等密度勾配遠心前後の様子(左:遠心前、右:遠心後)

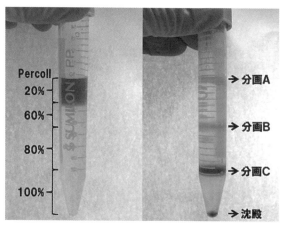

写真5 段階的密度勾配遠心前後の様子(左:遠心前、右:遠心後)

Percollを1：2：1の分量比で重層した溶液上に上層し、1,500×gで30分間遠心し、段階的密度勾配遠心を実施しました。

その結果、細胞集団を3つのバンド分画（上からA、B、C）と沈殿に分離することができました（写真5）。それぞれの分画について顕微鏡観察したところ、分画Cではスイゼンジノリ細胞のみが観察され、緑藻類、珪藻類および細菌類は認められませんでした（写真6）。したがって、スイゼンジノリ細胞の単離操作が成功したものと考えられました。なお、より確証を得るために、3種類の培地（アルブミン培地、NB培地、BG-11培地）を用いて分画Cの一部を寒天培養に供試しました。そうしたところ、3種類の培地に出現したコロニー数を合わせても細菌類の混在率

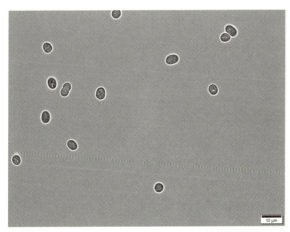

写真6　分画Cの顕微鏡像（1000倍）

	スイゼンジノリ 細胞数 (cells)	珪藻類 細胞数 (cells)	細菌 コロニー数 (colonies)	他細胞 混在率 (%)
等密度勾配遠心に よる沈殿画分	28.2×10^8 ($\pm 0.45 \times 10^8$)	5.43×10^6 ($\pm 0.96 \times 10^6$)	ND	1.91 (± 0.85)
スイゼンジノリ 細胞画分	1.08×10^8 ($\pm 1.25 \times 10^7$)	0	7153 (± 3221)	0.007 (± 0.004)

30gのスイゼンジノリ藻体を使用し、実験は12回反復した。

表1 他細胞の混在率

は0.007％と算出され（表1）、極めて純粋なスイゼンジノリ細胞サンプルが得られたものと考えられました。

さらに、分画Cの一部からDNAを抽出・精製して16S rRNA遺伝子をコードしている領域（16S rDNA）をPCRで増幅させ、そのPCR産物の塩基配列をサンガー法に基づく従来型のシークエンサーで解読しました。PCR増幅には多くの原核生物に共通して利用することができるユニバーサルプライマーを用いました。もしも、混在している細菌が多ければ、その細菌の16S rDNAの塩基配列がノイズとなって表れるはずです。そのような心配をよそにシークエンサーから得られた波形データにはノイズは全く見当たりませんでした。その解読された塩基配列はデータベースに登録されているスイゼンジノリの16S rDNAの塩基配列と一塩基の相違もなく、完全に一致しました。したがって、Percoll密度勾配遠心分離法によって得られたスイゼンジノリ細胞サンプルは次世代シークエンサーを用いたゲノム解読に十分に供試できるほど純粋であることが明らか

となりました。

なお、混在していた細菌類についても16S rDNAの塩基配列を解析したところ、シュードモナス属やジャンチノバクテリウム属が含まれていることが明らかとなりました。これらの細菌類は細胞外多糖類の中でスイゼンジノリと共生しているものと考えられます。今後、これらの相互関係についても明らかにしていく必要があるものと考えています。

参考文献

T. Fujishiro, T. Ogawa, M. Matsuoka, K. Nagahama, Y. Takeshima and H. Hagiwara. 2004. Establishment of a Pure Culture of the Hitherto Uncultured Uincellular Cyanobacterium *Aphanothece sacrum*, and Phylogenetic Position of the Organism. Applied and Environmental Microbiology. 70 (6): 3338-3345.

"サクラン"の機能性に着目した 咲水化粧品の開発

　熊本市北区植木町に本社を置くリバテープ製薬は、家庭用救急ばんそうこうをはじめ、お肌の健康を守る商品を開発、製造販売しています。
　化粧品素材サクランのことは、サクラン研究会の研究発表で知りました。最初は熊本の地名の付いた藻類の抽出物であることに興味を持ちましたが、スイゼンジノリの生態や歴史、サクランの優れた保水性や皮膚への有用性と独特な高分子多糖体の感触を知るにつれて、サクランの魅力を感じ、基礎化粧品の開発に至りました。サクランの皮膚を保護するはたらきは、まるで目には見えないばんそうこうのようでした。
　そして、サクランと阿蘇の天然水という熊本ゆかりの成分を組み合わせた自然派化粧品を企画・商品化し、「咲水(さくすい)」と名付けました。咲水には、聖なるスイゼンジノリへの敬意、お肌の潤い・キレイを咲かせる願い、潤いの源となる水へのこだわりを込めています。敏感肌の方にも使

っていただけるように無添加であることや配合成分の一つ一つもこだわりを持って選びました。

　基礎となる化粧水を開発したのは2012年7月で、サクランの発見から約6年後のことです。それから3年をかけて、トータルスキンケアのシリーズ商品を開発しました。咲水の販売活動がスイゼンジノリやサクランの産業発展と普及の一役を担えるよう、ご愛顧頂いているお客様の声を受けながら、日々邁進しています。

リバテープ製薬 株式会社
技術開発部　化粧品グループ

第4章

驚愕の「超」超巨大分子サクラン
―常識を覆す次世代マテリアル―

北陸先端科学技術大学院大学　岡島麻衣子
金子達雄

第4章　驚愕の「超」超巨大分子サクラン

1　サクランとの出会い

サクランは *Aphanothece sacrum*（日本名：スイゼンジノリ）という日本固有藍藻（図1）から抽出された新規硫酸化多糖類です。スイゼンジノリはかつて九州の熊本県と福岡県に自生していましたが、その野生種は生育水環境の悪化で既に生息の確認できない状況となっており、一説には絶滅したとさえいわれています。現在は両県の4業者が養殖により種の保全を行っています。藍藻であるにもかかわらずその外観が真核生物の海藻にも似ているため「ノリ」と呼ばれていますが、れっきとした原核微生物の仲間です。一方で、スイゼンジノリは世界で唯一の大量養殖可能な食用藍藻でもあります。筆者の一人（岡島）がこのスイゼンジノリに出会うきっかけとなったのは、バイオ資源からプラスチックを作るというプロジェクトの中[1]、そのモノマーとなる反応性化合物「ポリフェノール」を微生物の代謝物から選択している時でした。光合成を行う微生物である藍藻の生産物質を用いることができれば、低炭素材料であるバイオプラスチックの原料として利用できると考えたのです。そこで数々の藍藻から芳香環を持ったポリフェノールを探索していく

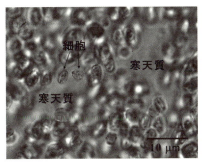

図1　スイゼンジノリ (*Aphenothece sacrum*) の顕微鏡写真

中、途中の抽出工程中で廃棄物として水層に大量に「ゲル状物質」が含まれる事に気づき、ある時それをビーカーに集め洗い場に放置しました。翌日そのビーカーには学生が洗いやすいようにとの配慮により水が注がれ、ゲル状物質はその水を吸って大きく膨潤しビーカーから溢れようとしていました。その様子は非常に印象的なものであり本多糖類を用いた吸水材料開発の発想の源となりました。そこでこのゲル状物質をアルコールにより回収したものが本テーマである「サクラン」という多糖類でありました。藍藻の細胞外多糖類の物性評価や構造解析の研究に関しては多くの報告例がありましたが、これを機能性材料へと展開する取り組みはほとんどありません。それは回収量と培養・養殖手法に問題があるからと考えられます。一方スイゼンジノリは養殖方法が確立され、かつサクランが70％近くの高収率で抽出可能であり（グラムオーダー）、新しいバイオマスとしての可能性が高いと考えられます。そこで、本章ではサクランの抽出から機能開発および医薬品開発などへの試みを中心に解説し、サクランの魅力に迫ります。

2　サクランの抽出

　スイゼンジノリは単細胞生物なので細胞体が集合して生育する場所が必要です。これが細胞体の周りを覆っている寒天質です。スイゼンジノリはその重さの半分以上が寒天質から出来上がっており、その生産量は極めて大きいことが分かります。この理由でスイゼンジノリはキクラゲのよ

うにプヨプヨした感触を示すのです。もしこの寒天質がないと、せっかくスイゼンジノリの細胞が川の中で細胞分裂を起こしても、すぐに流されてバラバラになってしまいます。したがって、寒天質には細胞体を集合状態に保つはたらきがあります。実は寒天質のはたらきはこれだけではなく、細胞を外敵から守るバリケードのような役割も持つと考えられます。何を隠そう我々の体を構成する細胞の周りにも寒天質があり、細胞体を守ってくれています。我々のこの寒天質のはたらきは太古の生物から受け継がれている作用なのです。この寒天質の主成分であるサクランを下記の方法で抽出しました。

　川から採取したスイゼンジノリを水洗後、凍結させ自然融解することで水溶性色素フィコビリンタンパクが溶出するのが確認できます。これらを含む水溶性物質を水洗により除去しました。次に、残った寒天状物質を有機溶媒（アセトンあるいはイソプロパノール）で洗浄することによりクロロフィルを含む脂溶性物質等を除去します。その後、寒天質をアルカリ高温水で溶解させ、中和処理を行って得られた多糖類溶出液をイソプロパノールなどの有機溶媒で再沈殿することで、繊維状のサクランが得られます。高純度のサクランにするためにはこの再沈殿を水と有機溶媒の混合溶液によってさらに２回繰り返し、最終的に100％イソプロパノールで洗浄します。その後、60℃で数時間真空乾燥することにより、完全に乾燥し繊維状のサクランが得られます[2, 3]。

この繊維は空気中でも安定しており、自然に吸湿して潮解するような現象は見られません。この繊維状のサクランを水に再溶解させるためには加熱し、機械的に攪拌する作業が必要となります。またサクランの水溶液は非常に粘性が高く、増粘剤として用いられるキサンタンガムと比較しても、数倍高い値を示します。筆者らはこの時まで多糖類を扱った経験がなく、もちろん自ら抽出した経験もありませんでした。したがって、研究当初は本当に手探り状態で「岡島の生体分子抽出技術」と「金子の合成高分子精製における再沈殿法」をうまく組み合わせ、最終的に現在の高純度サクランの抽出法を確立しました。思い起こせば、フラスコの壁についた粘性物質にエタノールを掛けて白い繊維状物質が出現した時、つまりこの世にサクランが誕生した瞬間は大変感慨深いものでした。

3　サクランの構造

　上記の方法で抽出された繊維状物質であるサクランの正体を掴むために、まずは物質を燃やして出てくるガスの種類と量を評価する元素分析法を用いてサクランがどのような元素で構成されているのかを調べました。結果は炭素36.03重量％、水素5.80重量％、窒素0.14重量％、硫黄2.13重量％でした。炭素の量が最も多いことからサクランの中には有機物が多く含まれていることが分かります。一般に繊維状の有機物は糖であることが多いため、フェノール硫酸法という糖の定性分析法を用いました。結果としてサク

ランは黄色っぽく呈色したため、糖が多く含まれていることが分かりました。元素分析の炭素と水素の含量が一般の糖よりも少なめに出ているものの、この比率は一般の糖とほぼ同じであることからも、糖である可能性が高いといえます。これらの含量が少なめに出たのは、抽出時に用いた水酸化ナトリウムの中にあった多くのナトリウムがサクランに結合していることや、一般の糖には存在しない窒素や硫黄が存在することで、相対的に炭素と水素が低含量となったと考えられます。極微量の窒素の検出はグルコサミンなどのアミノ糖の存在を示し、硫黄の検出は硫酸基の存在を示唆しています。その証拠の一つとして、アミノ基と特異的に反応する黄緑色色素であるフルオレセイン-4-イソチオシアネートという物質をサクランに混ぜたところ、繊維が黄緑色にわずかに発色したことが挙げられます。ちなみにこれらの現象から、スイゼンジノリにもともと含まれていたタンパク質の残存が懸念されますが、これはタンパク質に特異的な発色性試薬を用いた際に、その発色が検出されなかったことから否定されています。

　一方で、元素分析による硫黄の検出の原因に関して、より詳細に調べてみました。用いた方法は赤外分光法とX線光電子分光法（XPS）です。赤外分光法は、有機物の中にある原子と原子の結合部分が特別な赤外線を吸収することにより、どのような原子の集団（官能基）が存在するのかを調べる方法です。電子レンジからは特別な赤外線が放射されますが、食品の中の水などがこの赤外線を吸収して

激しく運動し、結果として加熱されますが、これと似たような原理です。赤外分光法では、どの振動数の赤外線が吸収されたのかを詳細に調べることで官能基の存在を調べることができます。結果として、この糖からは水酸基などの糖に特有のさまざまな官能基が全て検出され、同時に一般の糖には存在しない硫酸基とカルボン酸（酢が酸性となる原因）の存在も確認されました（図2）。

ただ、赤外分光法は確定的な手法ではなく他の手法と同時に評価する必要があります。例えば、カルボン酸の存在は後に述べる核磁気共鳴法（NMR）などと合わせてその存在を確定します。硫酸基に関してはXPSを用いました。XPSでは、非常にエネルギーの高い放射線であるX線を試料に照射することでアインシュタインの発見した「光電効果」が起こり、試料に含まれるさまざまな元素から光電子と呼ばれるものが発生します。この光電子の運動エネルギーを測定すれば、試料表面の元素の種類やその結合エネルギーが分かるようになります。結果として、硫黄と酸素が一重結合と二重結合を形成していることが分かり硫酸基が存在するこ

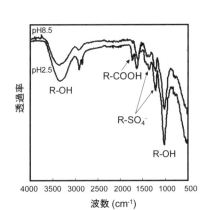

図2　サクランの赤外分光スペクトル

とが確認できました（図3）。これにより硫酸基であることが確定され、元素分析の結果から硫酸基の含有率は各糖残基あたり12モル％となることが分かりました。硫酸基は負電荷（一般にはマイナスイオンと言われることもあります）を持つ官能基です。

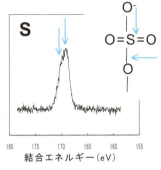

図3　170eV周辺のX線光電子分光スペクトル

また、後に説明するNMR法により、やはり負電荷を持つカルボン酸の量が各糖残基当たり27モル％であることが分かったため、合わせて39モル％の負電荷が糖にくっ付いていることになります。つまり、2〜3個の糖残基中に1個の負電荷が存在することが分かり、サクランの中には極めて多くの負電荷が密集していることが分かりました。

　最も、多くの情報が得られる分光法はNMR法です。そこでサクランをNMR法で構造解析しようとしましたが、NMR法には厳しい測定条件があります。NMRではサンプルを0.1重量％以上の濃度で完全に溶媒に溶かすことができ、しかも得られる溶液の粘度があまり高くないことが要求されます。用いた溶媒はジメチルスルホキシド（DMSO）の重水素化物で、最もよく用いられる溶媒の一つです。サクランはこの溶媒に完全に溶解しましたが、そ

の0.1％溶液は極めて高く、溶液にトラップされた泡を抜くのに一苦労した挙げ句、試しに測定を行ったところ、溶媒以外のシグナルは何も検出できませんでした。そこで、溶媒を用いない特殊なNMR法を用いることとしました。これは固体高分解能NMR法と呼ばれるもので、固体のままでの炭素の周辺の化学構造が分かります。この手法の中でもDD/MAS法（広帯域双極子デカップリング／マジック角回転）という、高分解能でかつ定量性もある極めて特殊な方法を用いることで、サクランの構造を評価しました。図４にそのスペクトルと説明を示しますが、大きく４つのシグナルが検出されました。

　まず、糖骨格に存在する炭素は６種類ありますが、それぞれの炭素に番号が付けられています（図４の上側の構造）。この中の６位の炭素が非常に変化しやすく、糖の多様性を生んでいます。この６位の炭素が酸化されてカルボン酸となった場合には、ウロン酸と呼ばれる酸性糖となりサクランに含まれるカルボン酸の多くはこのウロン酸由来であると考えられます。図中の横軸である化学シフトの値が178ppm程度に小さくみられるシグナルがカルボン酸由来です。

　一方、103ppm程度に見られるシグナルが糖の炭素骨格の中でも１位という場所にある炭素に由来し、定量化の際の基準となります。そのすぐ右側の大きいシグナルはすべての糖骨格の２位から５位の炭素が含まれ、かつ一般的なグルコースのようなヘキソースの６位の炭素も含まれます。

17ppm付近の小さいピークは6位の炭素にある水酸基の酸素部分が消滅しメチル基と同じ構造となった6-デオキシ糖と呼ばれるものです。それぞれのシグナルの面積の比率から以下のことが判明しました。

1）ヘキソースの含量：36％
2）6-デオキシ糖の割合：33％
3）ウロン酸の割合：27％

　これらの合計は96％であり100％にはなりませんが、NMR法ではこれくらいの差は誤差であると見なされます。

　このような、多様な糖が存在していることが分かりましたが、これらがバラバラであるとは考えにくく、また繊維状の形態であることからも多糖類である可能性が高いと推

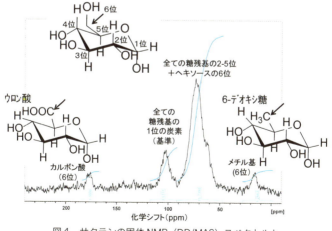

図4　サクランの固体NMR（DD/MAS）スペクトルと各シグナルの説明

測されます。そこで、サクランの分子量を、サイズ排除クロマトグラフィー（SEC）法で調べることにしました。SEC法とは、試料の溶液を無数のナノサイズの穴の開いた微粒子を詰め込んだパイプの中に流し込む方法で分子量を求めます。大きい分子はナノサイズの穴には引っかからずにすぐにパイプから外に流出されパイプの内部での保持時間は短くなります。しかし、小さい分子はナノサイズの穴に引っかかるために保持時間は長くなります。この保持時間を計ることで分子のサイズが分かります。この時、既に分子量の判明している数種類の外部標準の保持時間を別途調べ、保持時間と分子量の関係を検量線として図示しておきます。最後に、測定したいサンプルの保持時間を調べ

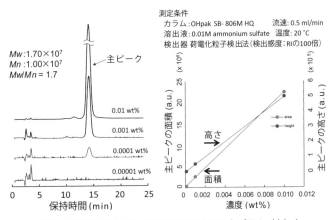

図5　各濃度のサクラン水溶液のSECクロマトグラム（左）とピークの解析結果（右）（熊本産業技術センター佐藤崇雄博士の協力による）

ることで分子量を相対的に調べることのできる方法です。実際にサクランを用いてSEC測定を行ってみたところ、14分くらいの保持時間に単峰性で対称性の高いピークが一つ認められました（図5）。このピークを多糖類であるプルランを用いて作成した検量線で解析すると平均分子量は1000万から1700万であることが分かりました。この値は一般の高分子と比較するとあまりにも高い値です。例えば、ペットボトルで使用されているポリエステルの分子量は5万程度、この世で最も大きい分子量を持つとされるDNAでさえ抽出後は600万くらいまで落ちてしまいます。しかもサクランの分子量分布は1.7という狭い値であることも分かりました。合成高分子においては分子量が高くなるほど分子量分布も広くなる傾向にあり、これほどの大きな分子量ものがここまで狭い分子量分布となるのは驚きです。このような分子が本当にこの世に存在してよいのかという疑念も生じました。

　そこで、まず測定方法に問題が無いかどうかをチェックすることにしました。用いたSECカラムの排除限界時間と溶出限界時間（つまり測定可能範囲）を調べたところサクランのシグナルは測定可能範囲内に現れたことが分かり、カラム内の微粒子には問題ないことが分かりました。さらに、たまたま凝集していたサクランを検出した場合も想定し、さまざまな濃度における測定も行いました。

　図5では0.00001重量％から0.01重量％までの結果を示しています。この濃度は他の一般の高分子水溶液から考える

と常識外の低い濃度ですが、次章で示す三俣哲教授の測定からサクランの分子鎖が水溶液中で孤立する濃度は0.004％と極めて低い値であるために、これよりも低い濃度からの測定が必要となります。このような低い濃度のサンプルを測定するには高感度の検出器が必要となり、本測定では荷電化粒子検出器という一般の屈折率測定法の100倍もの感度の検出器を用いることとしました。結果は図5の左側にありますように、0.001重量％からピークは見え始め、その100倍の濃度となってもピークの保持時間は全く変わらないことが分かりました。さらに、このピークの高さおよび面積をサンプル濃度に対してプロットすると（図5右）、データの相関係数は0.9999という原点を含む完全な直線となりました。これはいずれの濃度においてもサクランの凝集状態は変わらないことを示しています。

　一般には高分子の凝集体に含まれる分子数は濃度によって変化しますので、この結果はサクランはこの濃度範囲では凝集体でないことを示しているといえます。

　また、このピークが示す平均分子量は常に1000万以上でありサクランは超高分子量体であると推定できました。ここで、確定ではなく推定としましたのは、以下の理由があるからです。今回用いた外部標準であるプルランは235万の分子量のものまでしか入手できず、上記の分子量の数値は検量線の外挿値という部分です。これほどまでに大きい分子であれば、適切な外部標準が存在しないのは当たり前です。そこで、SECのような相対法ではなく、より困難

第4章　驚愕の［超］超巨大分子サクラン

ではあるが絶対法である多角度静的光散乱（MALLS）測定を行うことにしました。しかし、この方法に関しても粘度の問題が生じ、信頼性の高いデータを得るのに6カ月間かかりました。この方法は水中に存在する物質にレーザー光を照射し、散乱される光の強度の角度依存性を検出する方法です。したがって、ホコリなどの不純物が微量に存在するとデータは乱れてしまいます。しかし、粘り強く検討した結果、測定直前に孔径5μmのシリンジフィルターで3度ろ過することで、再現性の高いデータが得られることが分かりました。結果として、1.4％の小さい誤差値の美しいジムベリープロットが得られ、サクランの絶対平均分子量は1600万という大きな値であることがこの絶対法からも明確となりました。

しかし、まだ心配事が残っています。このくらい大きな分子量となると測定する角度が少し変わると散乱光強度が大きく異なることになるために、少しの環境変化が結果に影響します。しかも、検出角を極めて小さくする必要があり、レーザー光の直接光に近い部分での測定となるためにレーザー光の状態が強く影響します。

上記の方法は、各角度で散乱光強度を一つ一つ測定するスキャン法を用いていたため、レーザー光の入射光強度の時間依存性がデータの中に入り込むことが懸念されます。そこで、上記のSEC法の検出器として光散乱装置を組み込む方法（SEC/MALLS法）でサクランの分子量を再度測定することにしました。この手法ではSECカラムを通

り抜けた物質のMALLS測定を行うためにホコリなどの心配は全くありません。しかも本測定装置は検出器を10個以上同時に据え付けたものであり、スキャンすることなく同時刻に各角度での測定が可能となります。本手法を用いた結果、サクランの平均分子量は2900万となりました。この測定法では想定されるさまざまなモデルを用いて分子量が計算されますが、いずれのモデルを用いても1000万を超える値となり、サクランが本当に超巨大分子であることが証明されました。今まで、超巨大分子として紹介された高分子はいくつか存在しますが、DNAで200万〜1000万、キサンタンガムで300万程度と報告されています。したがって、サクランは"超"超巨大分子であり抽出天然分子としては最も高い絶対分子量を持つ超巨大多糖類であると考えています。

　DNAは細胞の体内では1億を超える分子量となることが計算されていますが、抽出後に測定すると10分の1以下になります。これは、抽出する時の作業によって簡単に切断されてしまうからです。では、どうしてサクランはこのような大きな分子量のまま抽出されたのでしょうか？　まず、このような大きな分子が細胞内に存在すると細胞は浸透圧の影響でパンパンに膨れ上がり破裂してしまうと考えられます。実際にはこのようなことはなく、スイゼンジノリの顕微鏡写真からサクランは細胞外多糖類であることが分かっています。また、サクランが細胞外に出てしまうと細胞内に種々存在する酵素などの他の生体分子の影響がな

くなり、酵素分解が起こらなくなると考えられます。つまり、サクランは無限に大きくなってしまう可能性があるのです。実際には水中における生産であるため、加水分解、外部からの力学的応力による切断、他の生物による捕食、自然光による光分解などが起こります[4]。したがって、分子量が無限大となることはありません。また、抽出時に使用するアルカリ水により分解することも大いに考えられます。

一方、測定結果から考えてサクランは切断されにくい分子であると推測できます。それでも、1000万以上の分子量を維持するということはサクランは極めて切断されにくい骨格を持っていると想像されます。これほど巨大な分子となると、当然どの程度の大きさなのかを知りたくなります。そこで、顕微鏡によりサクランを観察してみたところ13μmもの長さの物質が見いだされました。人間の産毛の太さが50μmであることを考えると、サクランは実に大きいことが分かります。この大きさがサクランの最も重要な構造的特長といえます[5]。

次に、サクランの構成糖を調べてみました。しかし、サクランは上述のように極めて切断しにくい高分子であり、陽イオン交換樹脂法、メタノリシス法、酸分解法（塩酸、トリフルオロ酢酸）などを、さまざま組み合わせ、得られた画分のGC-MS（ガスクロマトグラフ質量分析）法およびFT-ICR-MS（フーリエ変換イオンサイクロトロン共鳴質量分析）法による分析を行い、グルコース、ガラクトー

ス、マンノースという一般によく知られるヘキソースに加え、キシロースという五炭糖、フコース、ラムノースという6-デオキシ糖など6種の中性糖が主構成糖であり、上述のウロン酸と硫酸化ムラミン酸という新規糖が含まれることが判明しました。この新規糖は実に一つの単糖に水酸基だけでなく、カルボン酸、硫酸、アミノ基の合計4つの官能基を持つ非常に珍しい構造のものです。また、ムラミン酸にヘキソースが連結した状態のオリゴ糖も検出されています。ムラミン酸は一般にはグラム陽性菌の細胞壁に含まれる物質であり、これらの菌が混入した可能性も考えましたが、ムラミン酸が硫酸化されたりヘキソースと連結すると水溶性が上がってしまい細胞壁の機能を失います。つまり、グラム陽性菌の混入は考えられません。したがって、やはりサクランの構成糖の一つとして考えるのが妥当です。サクランは今まで見つかったことの無い構成を含むため新規多糖類であると言えます。そこで、我々はこの多糖類をスイゼンジノリの種名である「sacrum」の語尾を an(多糖類という意味の接尾語)に置き換えることで sacran(サクラン)と名付けました[2]。

4　極めて高い保水力

　ヒアルロン酸は化粧品用の保湿剤として有名な多糖類ですが、保水力が大きいのは分子量が高いことが理由の一つです。そこで、超巨大分子であるサクランの保水力を実験的に求めてみました。測定方法はティーパック法という一

第4章 驚愕の「超」超巨大分子サクラン

般的な方法を少し改良した
ものは、おおよそ8ミクロ
ンの孔径のろ紙の上にサク
ラン水溶液を乗せ、水がろ
紙を通り抜けて滴り落ちる
かどうかを観察します。も
し水が落ちてこなければ保
水されていると考えます。

図6 水を吸っているサクランの様子

この方法で保水できる最大の水の量を保水力としました。まずヒアルロン酸の保水力を測定してみますと、1200倍という値がでました。これは一般にヒアルロン酸が示すと言われている保水力の値とあまり変わりませんでした。一方、サクランは6100倍という期待通りの高い値となりました（図6）[2]。これは洗濯機の中にスプーン一杯のサクランを入れるだけで洗濯機全体がどろどろの水溶液となってしまうことを意味しています。実は、サクランの保水力に関して注目できるのはこの数値だけではなく、生理食塩水を用いたときなのです。化粧水でも紙おむつでも保水力を応用するときには必ず塩分が含まれる水が対象となります。例えば、ヒアルロン酸の生理食塩水に対する保水は240倍にまで下がってしまいます。これは一般的な現象であり、巨大分子が塩の作用により縮んだ形になってしまうことが原因と考えられます。しかし、サクランは生理食塩水を2400倍も保水することが分かり、実にヒアルロン酸の10倍もの値を示すことが分かりました。そこで、人工尿を作成しサ

81

クランの尿の保持力を調べたところ2600倍となりました。現在使用されている高分子吸収体が示す値が50倍程度であることを考えると、驚くべき数値であることが分かります。

5　サクランの液晶性

　サクランを蒸留水に溶解させると、その溶液は若干濁っていることに気が付きます。当初はこれを不思議に思い精密ろ過などの処理を行ってみましたが、溶液は透明にはなりませんでした。

　サクランの全長は理論的に50μmにも達し、前述のように実測値としても最長13μmもの長さの分子鎖の存在を確認できています。この長さは光の波長をはるかに超えるために、この分子鎖が光を強く散乱する可能性もあります。しかし、サクランの幅はわずかオングストロームスケールであり、その散乱強度はマイクロ粒子にはほど遠いはずです。

　そこで、このような強い散乱光を示すのは液晶状態の水溶液以外にないと考えました。試しに10cm四方の偏光板２枚を互いに直交させて、その間に0.5重量％のサクラン水溶液を挟んだまま蛍光灯にかざすと、果たしてサクラン水溶液の存在する部分だけに光の透過が確認できました。さらに、水溶液を揺らすことで透過光の高輝度部位が波打つ現象が見られました。そこで、より高濃度（１％）の水溶液を用いて直交偏光子下における溶液の透過光が作る模様を観察しました。すると、所々で黒いひも状の組織（図

7）を観察できました。この現象は水溶液中に分子配向領域が存在することを証明するものであり、かつ、この状態で流動性を持つことからサクラン水溶液は液晶状態であると考えました。さらに、そのひも状組織は所々で折れ曲がり、折れ曲がり点は

図7　0.5％のサクラン水溶液が示すネマチック液晶

試料の回転を行っても回転角によらず一定の場所を維持しました。これは、ネマチック相に典型的なシュリーレン組織の特長です。したがって、サクラン水溶液はネマチック液晶を示すと結論づけました。この模様をさらに観察すると、センチメートルスケールの領域を形成していることが分かります。ネマチック相状態で何の外力も与えずに自然にセンチメートルスケールの配向領域を示すことは驚きに値します。この理由はおそらく、サクラン分子鎖自身がミクロンスケールの非常に大きな分子であるので、その分子鎖が作る配向領域も自然に大きくなるものと考えられます。

　また、サクラン水溶液が液晶相を形成し始める濃度を調べたところ0.25重量％程度であることが分かりました。この濃度は他のリオトロピック液晶系と比較して桁違いに低い値です。例えば、三重螺旋構造を形成することで有名なシゾフィランの臨界液晶濃度は13重量％であり、低濃度で液晶を示すと言われているキサンタンガムや硫酸化セルロース結晶子の臨界液晶濃度はそれぞれ6重量％、5重

量％と報告されています。サクラン水溶液はこれらと比較しても非常に低い液晶臨界濃度を示します。そこで、フローリーの格子理論[6]からサクランの液晶性官能基としてはたらく部位の軸比を求めると X＝1600 という非常に大きい値となりました。この値はシゾフィランにおける X＝95 やキサンタンガムの X＝517 という値と比較しても一桁大きい値です。この剛直部位の軸比の大きさは第6章で述べられる放射光による測定結果からも支持されています[5]。

6　化粧品の保湿剤として

多糖類はヒアルロン酸に代表されるように化粧品の保湿剤として利用されてきました。サクランも前節で述べた超高保水性を利用することで化粧水や美容液の素材として利用できると考えられます。しかし、サクランはヒアルロン酸とは異なり皮膚の上で乾燥した後の感覚が非常にさっぱりとしていることが特長です。

サクラン水溶液にはもう一つの特長があります。それは、チキソトロピー性という性質であり、水溶液をかき回すとサラサラになりそのまま静かに保つとドロドロになるという面白い性質です。キサンタンガムもこの性質を持ち、それがマヨネーズに応用されています。サクランに塩

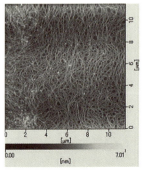
図8　マイカ上に塗り広げたサクランの原子間力顕微鏡写真

84

を加えたときには、このチキソトロピー性がさらに顕著になりキサンタンガムを越えるレベルとなることが分かっています。つまり、皮膚の上で擦ることでサクランは非常に良くぬれ広がり、究極には分子の膜になることが確認出来ています。例えば、サクラン水溶液を平坦な基板の上で塗り広げて乾燥し、その上でどのような構造となっているかを顕微鏡で観察しました。その結果、サクランは良く伸びており基板の上を均一に張り巡らしていることが分かりました（図8）。別の測定から、サクランは針金のような硬くて長い分子であることも分かっていますが、この棒状分子が皮膚の上で薄い膜を形成することになるので、皮膚に心地よい被膜感を与えるのです。つまり、美容液として使用するときには、少量を薄く塗り広げたい人もたっぷり贅沢に使いたい人も自由自在であり、広げ具合で好きな皮膜感へと調製でき、非常に不思議な感触を味わうことができます。これは、サクランの不思議な粘弾性に由来します[7]。内容は第5章に詳しく述べています。しかも、サクランは前述したように非常に壊れにくく塩に強い多糖類ですので、汗にも強く長時間保湿作用が保持されます。

7　サクランの生物学的性質と医学への応用

　化粧品素材としての利用価値が高まる中であまりにも優れた機能を持つために、医薬としての利用価値もあるものと考え、金沢大学の中村裕之教授ら、高知大学の菅沼成史教授ら、高知県立大学のガッツ・ロジャー准教授ら率いる

医療研究チームと共同研究を行うこととなりました。

　アトピー性皮膚炎は、生後2〜6カ月より強い掻痒感を伴う浸潤性湿疹が口囲、頬部、頸部、関節部などに発生するアレルギー疾患です。患児には掻破によるびまん性潮赤や落屑性紅斑が顔面・全身に広がり、母親にとっても極めてつらい子育てとなります。大半の患児は軽快するものの、一部は思春期以降も持続し季節的に増悪軽快を繰り返す難治性となります。アレルギー性疾患の恐ろしい特徴として、一度発症すると他のアトピー性疾患（気管支喘息、アレルギー性鼻炎など）を併発しやすくなり、患者は生涯にわたってアトピー性疾患の治療と向き合わねばならなくなります（アレルギー・マーチ）。本症のように完全な予防法がなくステロイド等の薬物療法による対症療法しかない現状では、アトピー素因を持つ児童は積極的に抗原回避につとめ、アトピー性皮膚炎にかからないようにすることが重要です。

　そこで、前述の医療研究チームはサクランの優れた保水力・皮膜効果をヒトで試験し、顕著なTEWLの改善効果を認めました。まず、乾燥肌を自覚する35−60歳の女性ボランティア10人に対して皮膚に0.2％サクラン溶液を塗布し、0.2％ヒアルロン酸溶液を塗布した場合とTEWLを比較しました。その結果、約20％水分蒸散を防ぐことができました。

　第8章でも述べられていますが、アトピー性皮膚炎では、角質の水分保持機能低下に伴う乾燥と外界からの刺激によ

り激しいかゆみを伴うことで、皮膚にダメージを与え炎症を招くことから、優れた保湿作用と抗掻痒作用を有するサクランの塗布により、皮膚表面の角質層を保護し、アトピー性皮膚炎を悪化させる肌の乾燥とかゆみを抑えることができると考えています。このようにサクランは皮膚医療においても期待されています[7-10]。その他、サクランには重金属捕捉機能[11-16]、カーボンナノチューブ捕捉機能[17]、層状ゲル形成能[18-21]などのユニークな機能を持ちますが、これらに関しては紙面の都合上割愛させていただき、次章以降に受け継ぎたいと思います。

参考文献

1. T.Kaneko, H.T.Tran, D.J.Shi, M.Akashi, *Nature Mater*. 5 (12), 966-970 (2006)
2. M. K. Okajima, M. Ono, K. Kabata, T. Kaneko, *Pure Appl. Chem*. 79, 2039 (2007).
3. M.Okajima, T.Bamba, Y.Kaneso, K.Hirata, S.Kajiyama, E.Fukusaki, T.Kaneko, *Macromolecules*,41 (12), 4061-4064 (2008).
4. M. Okajima, Q. Nguyen, S. Tateyama, H. Masuyama, T. Tanaka, T. Mitsumata, T. Kaneko, *Biomacromolecules*, 13 (12), 4158-4163 (2012).
5. M. K. Okajima, D.Kaneko, T.Mitsumata, T.Kaneko, J.Watanabe, *Macromolecules*, 42 (8), 3057–3062 (2009).
6. P. J. Flory, *Proc. Roy*. Soc. *A* 234, 73 (1956) ; P. J. Flory, *Adv. Polym. Sci.* 59, 1 (1984).
7. T. Mitsumata, T. Miura, N. Takahashi, M. Kawai, M. Okajima, T. Kaneko, *Phys. Rev. E*, 87, 042607-9
8. N.R.Ngatu, M. Tanaka, M.K.Okajima, M.Yokogawa, M.Ikeda, M.Inoue, H.Watanabe, S.Kanbara, S.Nojima, T.Kaneko, N. Suganuma, *Evidence-based Med. Public Health*, in press.
9. N. Ngatu, M. K. Okajima, L. S. Nangana, S.I Vumi-Kiaku, T. Kaneko, S Kanbara, R. D. Wumba, S. W-Okitotsho, *Ann. Phytomed*. 4 (2), 49-51 (2015).
10. N. R. Ngatu, R. Hirota, M. Okajima, T. Kaneko, K. F. Malonga, N. Suganuma, *Ann. Phytomed*. 4 (1), 111-113 (2015).
11. N.R.Ngatu, M.K.Okajima, M.Yokogawa, R.Hirota, M.Eitoku, B.A.Muzembo, N.Dumavibhat, M.Takaishi, S.Sano, T.Kaneko, T.Tanaka, H.Nakamura, N.Suganuma, *Ann. Aller. Asthma. Immunol*. 108 (2), 117-122 (2012).
12. M.K.Okajima, S.Miyazato, T.Kaneko, *Langmuir*, 25 (15), 8526–8531 (2009).
13. M. Okajima, T. Higashi, R. Asakawa, T. Mitsumata, D. Kaneko, T. Kaneko, T. Ogawa, H. Kurata, S. Isoda, *Biomacromolecules*, 11 (11), 3172-3177 (2010)
14. M.K.Okajima, M.Nakamura, T.Mitsumata, T.Kaneko, *Biomacromolecules*, 11 (7), 1773–1778 (2010)
15. M. Okajima, M. Nakamura, T. Ogawa, H. Kurata,T. Mitsumata,T. Kaneko, *Ind. Eng. Chem. Res*. 51 (25), 8704-8707 (2012)

16. M. Okajima, Q. T. Nguyen, M. Nakamura, T. Ogawa, H. Kurata, T. Kaneko, J. *Appl Polym. Sci.* 128 (1), 676-683 (2013).
17. A. C.S. Alcântara, M. Darder, P. Aranda, S. Tateyama, M. K. Okajima, T. Kaneko, M. Ogawa, E. R. Hitzky, *J. Mater. Chem. A* 2 (5), 1391-1399 (2014).
18. M. Okajima, A. Kumar, T. Higashi, A. Fujiwara, T. Mitsumata, D. Kaneko, T. Ogawa, H. Kurata, S. Isoda, T. Kaneko, *Biopolymers*, 99 (1), 1-9 (2013).
19. M. Okajima, R. Mishima, K. Amornwachirabodee, K. Okeyoshi, T. Kaneko, *RSC Adv.* 5 (105), 86723-86729 (2015).
20. K. Amornwachirabodee, M. Okajima, T. Kaneko, *Macromolecules*, 48 (23), 8615–8621 (2015).
21. K. Okeyoshi, M. Okajima, T. Kaneko, *Biomacromolecules*, 17 (6), 2096–2103 (2016).
22. G. Joshi, K. Okeyoshi, M. Okajima, T. Kaneko, *Soft Matter*, 12, 5515-5518 (2016).

サクランとの出会いで思いが形になった
―安全・安心な白髪染めの商品化―

　私は、もともと美容師でした。10年間美容室を経営し、多くのお客様の白髪染めをする中で、安全な白髪染めをどうしても作りたいと平成25年に株式会社グラシアを創業致しました。

　髪を染めたり、白髪染めをすることをカラーリングといいますが、理・美容室では、一般的に、カラーリング剤として、医薬部外品のジアミン系の酸化染毛剤が長い間使用されてきました。ジアミン系の酸化染毛料は、髪の色素を壊し、化学変化を起こして染めるもので、昨年消費者庁からも注意喚起がありましたが、安全性に問題があるといわれています。実際私も多くのお客様の白髪染めをする中で、かぶれた頭皮にたくさん出会いました。そして本当に困ったのが、「かぶれるのでジアミン系のカラー剤は使えないけれど、白髪は嫌なので、どうにかして染めてください」とお客様から懇願されることでした。どうにかして安全な白髪染めができないか、私の10年来の課

題でした。

　近年ジアミンを使わないカラートリートメント方式といわれるカラー剤が出てきました。ジアミンで化学変化を起こして染めるのではなく、髪の表面だけを物理的に染めるという方法です。髪にダメージを与えませんし、何より安全です。これで商品開発しようと決意し、私の挑戦が始まりました。

　最初は「小さな美容室ごときにそんなことができるはずがない」と笑われました。しかし、そこで出会ったのが保湿性が高く抗炎症化作用があるサクランです。当然、金子社長や有馬先生との出会いもございました。また、サクランが貴重な地域資源ということで、中小企業支援機構からの支援も受けることができ、平成26年に、サクラントリートメントカラーの発売にこぎ着けました。お客様から「頭皮の調子が良くなった」、「髪に艶が出た」と嬉しい声を頂き、売り上げを伸ばし続けています。これもサクランとその周囲の方々のおかげと本当に感謝する日々です。

株式会社 グラシア
代表　西村一美

第5章

サクラン水溶液の物性と糖鎖の形態

新潟大学　三俣 哲

第5章 サクラン水溶液の物性と糖鎖の形態

1 はじめに

　分子量が1.6×10^7 g/mol、鎖長が30μmにもなる巨大高分子であるサクランは、1gで6,100mlもの純水を吸水します。市販の紙おむつでも吸水が難しい塩水溶液でさえも2,700mlと高い吸水性を示します。一般的な液晶性の多糖類は濃度を高くするとゲル化しますが、サクランは濃度が0.5％以上になると液晶の配向ドメインが数cmに達し、はるかに低い濃度でゲル化します。また、ランタノイド系の多価イオンを効率的に吸着する性質も示します。

　これらのサクランの特異な性質は、その特長である長い鎖の電荷状態や形態（conformation）と深く関係しています。ここでは、サクランの物性と特異な性質の謎をひもといていきましょう。

　サクラン鎖は、図1に示すように高分子の主鎖に電荷があり、対イオン（counterion）をもちます。こういった高分子を高分子電解質（polyelectrolyte）と呼びます[1]。サクランも主鎖にカルボキシル基や硫酸基、対イオンにナトリウムイオンをもつ高分子電解質です。一般に、高分子鎖の拡がりなど、鎖の形態は高分子溶液の粘度や弾性率から知ることができます。粘弾性はレオメーターと呼ばれる試験機で測定できます。また、サクランは高分子電解質なので、濃度や塩添加によって鎖の荷電状態（電

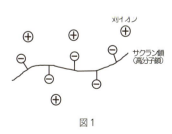

図1

気を帯びているか否か）が変化します。この変化は電導度で検出できます。電導度から自由な対イオンの移動度に関する情報が得られます。一般に、高分子電解質は高分子鎖の静電ポテンシャルに強く束縛された対イオンによる誘電緩和挙動（dielectric relaxation）を示します。kH 領域では強く束縛された対イオンによる低周波緩和、MHz 領域では緩く束縛された対イオンによる高周波緩和が見られます[1]。強く束縛された対イオンは高分子鎖の静電ポテンシャルの谷に沿って揺らぎ、緩く束縛された対イオンは高分子鎖間の静電ポテンシャルを揺らぎます。つまり、低周波緩和から鎖内のミクロな構造、高周波緩和から鎖間のマクロな構造についての知見が得られます。Manning の理論[2]によると、鎖の形態は対イオンの束縛される度合いによって大きく変化すると説明しています。つまり、これらの対イオンの緩和挙動は鎖の形態を知る大きな手掛かりとなります。本章では、サクラン水溶液の粘弾性および電導度、誘電緩和挙動から分かったサクラン鎖の形態について解説します。

2　サクラン水溶液の粘弾性

　図2にさまざまな濃度のサクラン水溶液の粘度とせん断速度の関係を示します。サクラン水溶液は0.002％の非常に希薄な濃度でも高い粘度を示します。0.1％より高濃度では粘度が急激に高くなります。低せん断速度では全ての濃度でニュートン流体（Newtonian fluid）を示す平坦領

域が認められ、高いせん断速度では粘度が低下するチキソトロピー挙動（thixotropy）が見られます。興味深いのは、0.002％の希薄溶液でもチキソトロピー挙動がはっきりと見られることです。一般に、チキソトロピー挙動は非常に希薄

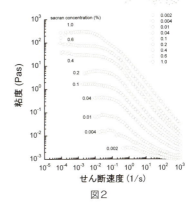

図2

な溶液では見えにくくなります。例えば、保湿力が非常に高いことで知られるヒアルロン酸は長い鎖をもつ（分子量1.6×10^6 g/mol）多糖類ですが、リン酸塩緩衝液の希薄溶液はチキソトロピー挙動を示さなくなります。一方で、分子量2.0×10^6 g/molのキサンタンガム水溶液はサクランと同様に、希薄な溶液でもチキソトロピー挙動を示すという報告があります[3]。原因ははっきりしていませんが、サクランは鎖の会合などの状態がキサンタンガムと類似しているのかもしれません。

図3（次ページ）にサクラン水溶液のゼロシェア粘度とサクラン濃度の関係を示します。ゼロシェア粘度とは図2の平坦部分で、先に述べたニュートン流体として振る舞う領域での粘度です。この図から、ゼロシェア粘度は4つの特長ある領域に分けられます。濃度0.004％以下では、ゼロシェア粘度はサクラン濃度の1.5乗の依存性を示します。0.004％

で不連続点が見られますが、この濃度は、初めてサクラン鎖どうしが接する重なり濃度（overlap concentration）であると考えられます。重なり濃度がわずか0.004％の低濃度になることは驚きです。重なり濃度以下にある溶液を希薄溶液と呼

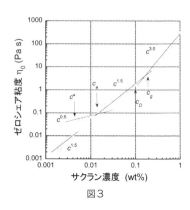

図3

び、この状態にある鎖を孤立鎖と呼びます。0.004％から初めの屈曲点が見られる0.015％までは、0.5乗の弱い濃度依存性を示します。鎖は互いに接しているものの、まだ絡み合っていない状態です。0.015％から再び屈曲点が見られる0.2％までは、1.4乗の依存性を示します。鎖が絡み合う領域での粘度と濃度の理論値は1.5乗ですから、これに非常に近い値です。つまり、サクラン鎖の絡み合い濃度（entanglement concentration）は0.015％であると考えられます。鎖の絡み合いにかかわらず、0.004％から0.2％までの領域を準希薄溶液といいます。0.2％以上では、濃度の3.0乗で増加します。この値は良溶媒中での電荷がない高分子鎖で得られる理論値（15/4乗）に近い値です。したがって、サクラン鎖は電気的に中性の鎖として振舞っていると考えられます。この濃度を臨界電解質濃度（critical polyelectrolyte concentration）といいます。

第5章　サクラン水溶液の物性と糖鎖の形態

　サクランの臨界電解質濃度は0.2％であることが分かりました。臨界電解質濃度では、塩を添加しても粘度が変わらないという特長があります。実際、サクランに100mMの塩を添加しても粘度が変わらないことが確認されました。サクランは0.2％付近でヘリックスを形成することが分かっています[4]。ヘリックス形成と鎖の荷電状態は密接に関係しており、おそらく、電荷が消失することで鎖間の静電反発が抑制され、ヘリックスを巻くことができると考えられます。こうして、サクラン鎖はよりコンパクトな状態になることができるのです。

　サクラン水溶液に見られる奇妙な現象のうちのいくつかはキサンタンガム水溶液でも報告されています。例えば、重なり濃度において粘度が突然に増加する現象、重なり濃度から絡み合い濃度までの領域が非常に狭いこと、重なり濃度以下でもチキソトロピー挙動を示すことです。キサンタンガム水溶液の重なり濃度、絡み合い濃度はそれぞれ0.007％、0.04％と報告されています。サクランのように非常に低濃度ですが、サクランはこれらの半分の濃度です。やはり、サクランの鎖が非常に長いことを示唆しています。

　絡み合い濃度は0.015％と見積もられましたが、この濃度で興味深い現象が見られます。ティーバッグ法で測定された保水力は0.015％以下では低い値ですが、この濃度で急増します。つまり、サクラン鎖が絡み合うことで疑似的な網目構造ができ、この網目によって水分を保持していると考えられます。逆に言うと、保水力が急増する濃度か

鎖の絡み合い濃度を推定できることを示唆しています。

　次に重なり濃度について考えてみましょう。鎖どうしが初めて接する濃度です。高分子電解質の重なり濃度は単量体の長さaと重合度Nを使って$a^{-3}N^{-2}$と表されます。鎖の電荷間に働く静電反発のため、鎖は伸ばされた状態になります。サクランの値a=0.65nmとN=8.9×10^{4}を代入すると、重なり濃度は1.4×10^{-8}％と計算されます。実験値0.004％よりもはるかに低濃度です。したがって、サクラン鎖は電荷をもった鎖ほど十分に拡がっていないことが分かります。一方、静電反発がない鎖（電荷をもたない良溶媒中の柔軟な鎖）に対しても同様の見積もりができます。この場合、高分子鎖の重なり濃度は$a^{-3}N^{-0.76}$で表されます。先の値を代入すると0.019％と計算されます。実験値の5倍の濃度です。これらの結果は、純水中のサクラン鎖は静電反発がある鎖のように十分に拡がっていませんが、静電反発がない鎖よりは拡がっていることを示します。17mol％のカルボキシル基と12mol％の硫酸基だけではサクランの非常に長い鎖を拡げるのには十分でないかもしれません。サクラン鎖における電荷分布は不均一であるため、電荷をもたない糖鎖部分では拡がりが小さい形態をとっているのかもしれません。

3 サクラン水溶液の電気物性

電気物性から高分子鎖の荷電状態や形態を調査する研究は20世紀後半にDNAなどの生体高分子で非常に活発に研究されました[1]。

サクラン鎖の形態はカルボキシル基または硫酸基の電離度に強く影響されます。電離度などのイオン状態に関する情報は電導度測定により得られますが、低周波領域における電導度の正確な測定は容易ではありません。水溶液中のイオンにより電極分極効果と呼ばれるマクロな分極が生じるためです。そこで、電極分極効果がほぼ消失する周波数100kHzで電導度を評価します。

図4（a）に100kHzにおけるサクラン水溶液の電導度とサクラン濃度の関係を示します。電導度はサクラン濃度とともに増加し、低濃度から順に0.004％、0.014％で屈曲点、0.1％で不連続点を示します。これらの特徴的な濃度は粘度測定で見られた重なり濃度、絡み合い濃度、臨界電解質濃度と一致します。つまり、粘度で見られた特徴的な濃

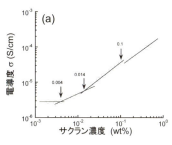

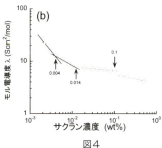

図4

度の発現メカニズムはサクランのイオン状態と関係していることが分かります。

　図4（b）にサクラン水溶液のモル電導度とサクラン濃度の関係を示します。モル電導度とは物質量当たりの電導度です。モル電導度はサクラン濃度とともに低下し、濃度0.014％でほぼ一定になります。この現象はサクランの極性基であるカルボキシル基の電離度の低下に起因し、弱電解質の高分子電解質で一般的に見られます。前述したように、この濃度以下では鎖の絡み合いがなくなり、吸水性が急激に低下します。つまり、鎖の絡み合いは鎖間の静電反発、ひいては対イオンの電離状態と関係していると考えられます。0.1％では、モル電導度が不連続的に8.0Scm^2/molから5.8Scm^2/molまで減少します。この濃度付近でサクラン鎖はヘリックスを形成しますが、電気伝導に寄与していた自由な対イオンがサクラン鎖に凝縮された結果と考えることができます。このように、サクラン濃度を高くするにつれてサクラン鎖間の静電反発が抑えられ、よりコンパクトな構造に転移すると考えています。

　電導度の結果から、サクラン鎖の極性基から電離する自由な対イオンの性質が分かりました。それでは、次にサクランの極性基に束縛された束縛対イオンについて述べます。束縛対イオンに関する情報は誘電分散から分かります。

　図5（a）に0.002％のサクラン水溶液の誘電率の周波数依存性を示します。塩化カリウム水溶液の誘電率も同図に示します。塩化カリウム水溶液は42Hzにおけるサクラン水溶

液の誘電率と同じになるように調整されたもので、電極間に現れるマクロな分極の大きさを知るために使います。我々が知りたいサクランの対イオンによる誘電分極はこのマクロな分極に覆い隠されています。この巨視的な分極を取り除いたものが図5（b）です。ようやくサクランの束縛対イオンによる信号を見ることができました。100Hzから1kHz、100kHzから

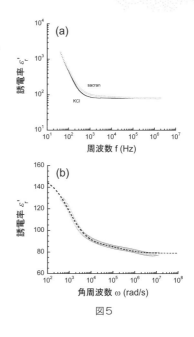

図5

1MHzにかけて誘電率の低下（誘電分散）が見られます。この分散は二つの固有の緩和時間をもつデバイ型関数でフィッティングできることが分かりました。それぞれの緩和時間、緩和強度を解析することで濃度を変えたときの束縛対イオンの揺らぎ長や数密度の変化が分かります。

　図6（a）（次ページ）に低周波緩和の緩和時間のサクラン濃度依存性を示します。0.007％と0.20％の濃度で屈曲点が観察されます。0.007％より低濃度では1msオーダーの長い緩和時間を持ち、濃度に依存性しません。この周波数における緩和は、高分子鎖の静電ポテンシャルの谷に沿って揺

らぐ強く束縛された対イオンによって生じることは既に証明されています。観察された長い緩和時間はサクラン鎖が極めて長いという証拠の一つです。このような長い緩和時間は架橋された高分子電解質ゲル（0.7〜2.1ms）やNa-DNA（0.68ms：重合度12000）では観測されますが、線状高分子では極めて珍しいことです。0.007％〜0.2％では、緩和時間は濃度の－0.9乗

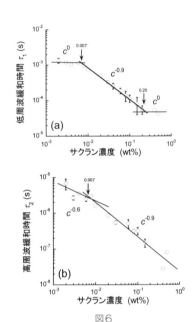

図6

依存性を示し、0.2％以上で40μsで一定になります。

　電導度の温度依存性から求めた活性化エネルギーは対イオンがナトリウムイオンであることを示します。束縛対イオンの拡散定数が束縛されていない自由なナトリウムイオンの拡散定数（$=1.2\times10^{-9}m^2/s$）と等しいと仮定します。そうすると、低周波誘電緩和で得られた平均緩和時間から強く束縛された対イオンの揺らぎ長が求められます。低周波緩和の平均緩和時間は1.18×10^{-3}sであり、揺らぎ長は1.2μmと計算されます。Mandelの理論[5]によると、対イオンは鎖の一部分しか動けず、鎖の全長（輪郭長）はもっ

と長い値になります。サクランの輪郭長を計算すると3.8μm となりました。原子間力顕微鏡で観察された鎖長（～8μm）とほとんど一致することは驚くべきことです。濃度0.2％以上では、平均緩和時間は5.07×10^{-5}s で、揺らぎ長250nm に相当します。これは、強く束縛されたイオンの更なる対イオン凝縮のため鎖上の制限された部分しか揺らげなくなったことを示唆します。低周波緩和時間は濃度の−0.9乗で依存し、揺らぎ長は濃度の−0.45乗依存性になります。これは de Genne-Dobrnin のスケーリング理論[6, 7]と一致し、デバイの遮蔽長が濃度の−0.45乗依存をすることに起因します。同様の濃度依存性が準希薄領域のヒアルロン酸水溶液でも認められています[8]。

　図６（b）に緩く束縛されたイオンによる高周波緩和の緩和時間のサクラン濃度依存性を示します。緩和時間は低濃度では10μs 程度で、濃度を高くすると10ns まで低下します。この周波数における緩和は、高分子鎖の静電ポテンシャルの谷の間を揺らぐ緩く束縛された対イオンに起因することも既に証明されています。低濃度では、高周波緩和時間は−0.6乗の濃度依存性を示し、濃度0.007％で傾きが変化します。したがって、低濃度での揺らぎ長は濃度の−0.3乗依存性になります。緩く束縛された対イオンの揺らぎ長からおおよその鎖間距離が求められます。重なり濃度より高濃度では、高周波緩和時間は濃度の−0.9乗依存性になります。これは、揺らぎ長が濃度の−0.45乗依存することを示します。強く束縛された対イオンと同様に、緩く

束縛された対イオンも揺らぎ長が遮蔽長の関数になることが分かります。

図7に低周波緩和および高周波緩和の緩和強度とサクラン濃度の関係を示します。0.02％以下では、低周波緩和、高周波緩和どちらも緩和強度は濃度に比例して増加します。しかしながら、0.02％から0.2％までは、濃度を高くしても緩和強度は増加しません。揺ら

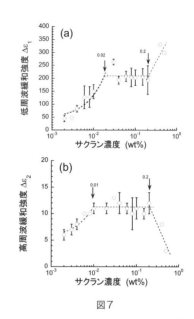

図7

ぎ長が濃度とともに低下することを考えると、これは束縛イオンの数密度が増加することを示唆します。しかし、濃度とともに電導度が増加し、マクロな分極効果が顕著になることから深い議論ができず、詳細は明らかになっていません。

最後に純水中でのサクラン鎖の荷電状態、鎖の形態についてまとめたものを図8に示します。粘弾性と電導度からサクランの鎖の状態には3つの特徴的な濃度があることが分かりました。重なり濃度（c^*）、絡み合い濃度（c_e）、および臨界電解質濃度（c_D）です。0.004％より低い濃度は希薄溶液（dilute solution）といい、サクラン鎖は孤立し

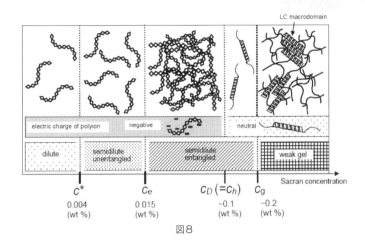

図8

た状態にあります。他の高分子に比べて極めて低い濃度であり、サクランが非常に長い鎖であることを示唆します。0.004％から0.015％の絡み合い濃度までの領域を準希薄溶液（semidilute solution）といいます。この領域ではサクラン鎖は自身の電荷により互いに静電反発しますが、濃度の増加にともなって電荷の影響が弱くなります。0.015％になると鎖は互いに侵入し、絡み合うようになります。0.1％になるとサクラン鎖は電気的中性になり、ヘリックスを形成します。

さらに濃度を上げると0.2％でヘリックスどうしの会合が起こり、弱いゲル（weak gel）が形成されます。この濃度付近で液晶相の配向ドメインが観察され、1％では数cmサイズの巨大なドメインに発展します。詳細については著者らの文献[9]を参照してください。

4　おわりに

　サクラン水溶液の粘弾性、電気物性から得られる知見をもとに考えられるサクラン鎖の水中での形態について紹介しました。サクラン鎖は濃度によって実にさまざまな形態をとることが分かりました。また、それはサクラン鎖の荷電状態に強く影響されていることも分かりました。サクラン鎖は通常の高分子や多糖類に比べて非常に長い鎖です。この長い鎖がサクラン特有の興味深い物性や機能と関連していることは言うまでもありません。さまざまな分野の専門家による研究結果を結集することで今後さらに物性の解明、機能の創出が加速することを願ってやみません。

参考文献

1. 高分子電解質　高分子学会高分子実験学編集委員会編　共立出版 1978年
2. Manning, G. S. J. Chem. Phys. 1969, 51, 934.
3. Wyatt, N. B.; Gunther, C. M.; Liberatore, M. W. Polymer 2011, 52 2437.
4. Okajima, M. K., Kaneko, D., Mitsumata, T., Kaneko, T., Watanabe, J., Macromolecules 2009, 42, 3057.
5. Mandel, M. Mol. Phys., 1961, 4 489.
6. de Gennes, P. G.; Pincus, P.; Velasco, R. M.; Brochard, F. J. Phys. (Paris) 1976, 37 1461.Dobrynin, A. V.; Rubinstein, M. Prog. Polym. Sci. 2005, 30 1049.
7. Dobrynin, A. V., Colby, R. H., Rubinstein, M., Macromolecules 28, 1859 (1995).
8. T. Vuletić, S. D. Babić, T. Ivek, D. Grgičin, S. Tomic, Phys. Rev. E, 82, 011922 (2010).
9. T. Mitsumata, T. Miura, N. Takahashi, M. Kawai, M. Okajima and T. Kaneko, Phys. Rev. E, 2013, 87, 042607.

―女性たちが動けば、何かが変わる―
アトピー・アレルギーの悩みに挑戦

　ネイチャー生活倶楽部は、"髪・肌の悩み、不安や疑問を自分たちで動き、専門・開発の方から知りたい情報を得て、独自の商品まで創る"生活者主体の活動を20年以上進めています。

　まだ課題は山積みです。その1つがアトピー・アレルギーの悩みでした。「全身あちこち痒い、カサカサ、ピリピリ…何をやっても落ち着かない…。この倶楽部でどうにかならないの?」と、全国から寄せられ懸命に動いてきました。

　お会いしたアレルギー分野の先生は「2人に1人が何かしらのアレルギーだ」と仰るほど。これには、環境や食も関わっていると知り、無農薬、

日々、悩みを追究しています

無農薬、棚田での"米づくり"も体験

しかも棚田で、米づくりにも取り組みました。
　その一方"なにか手当てできるものを—"と探し続ける中、なんと灯台下暗し、私たちの活動拠点、熊本に解決策が—。サクランを熊本大学の有馬教授から、その原料となるスイゼンジノリを東海大学の椛田教授から教えていただきました。グリーンサイエンス・マテリアル様、オジックテクノロジーズ様、地の塩社様からも"悩んでいる方々のために"とお力をいただき、熊本の総力戦でたどり着いたのがサクランの「保湿原液」です。
　全国の生活者モニターでは、アトピー性皮膚炎や痒みだけではなく、湿疹、手荒れ、踵のヒビ割れ、さらに小ジワや肌のキメまでも、と計り知れない可能性を教えていただき、この結果から商品化を決定しました。
　生活者が動くこの倶楽部を立ち上げ、動き続けて良かった、と改めて実感しています。

水前寺ノリ抽出
「サクラン® 配合 保湿原液」

自分たちの"悩み・不安・疑問""環境"
—本気で追究しています—
ネイチャー生活倶楽部

111

第6章

放射光散乱による
サクランの溶液化学

東京農工大学　敷中一洋

第6章　放射光散乱によるサクランの溶液化学

1　はじめに

前章までにスイゼンジノリより見いだされた多糖類サクランについて説明がなされました。その中で、水溶液中におけるサクランの構造および機能の濃度依存性が議論されました。サクランは非常に高い分子量を持つため、重なり合い濃度が0.004重量％と他の高分子と比しても低いのです[1]。化粧品・医薬品などへのサクランの応用を見越した場合、水溶液・ゲル状態におけるサクラン分子鎖構造の理解はその構造＝機能設計のために必須です。しかし含水（希薄）状態でナノ～マイクロオーダーとされるサクランの分子鎖構造を顕微鏡で観察するのは困難です。

2　X線散乱

高分子鎖の溶液・ゲル中における構造評価法の一つとして光・X線・中性子による散乱が挙げられます[2]。その中でもX線散乱では近年の技術進歩によりオングストローム～マイクロオーダーという広い範囲（10^4m）で高分子の溶液・ゲル中における構造を評価できます。さまざまな合成高分子に対しX線散乱法を用いて溶液中の構造が決定されています[3]が、サクランを始めとする多糖類への適用は例が少ないです。その理由の一つとして、多糖類分子構造における水酸基の存在が挙げられます。多糖類の分散媒は水を例とした極性溶媒であるため、溶液中では水酸基によりシグナル／ノイズ比が低下し、優位な散乱（散乱コントラスト）が得られません。

X線散乱における散乱コントラストを飛躍的に向上させる手段として「放射光」をX線源として用いる方法が挙げられます[4]。放射光は相対論的な速度（光速にきわめて近い速度）で移動する荷電粒子が磁場によって軌道を曲げられることで粒子軌道の接線方向に発生する光です。その特性として①極めて明るい（輝度が高い）②光が絞られていて広がりにくい（指向性が高い）③X線から赤外線まで広い波長領域を含むなどが挙げられます。以上の特長から放射光由来のX線は近年科学全般で広く用いられており、高分子の構造決定にも有用なツールとなっています。

　現在、X線散乱実験用の放射光源は主に蓄積リングです。蓄積リングは線形加速器などで加速し入射された電子を蓄積する円環状の施設であり、その周囲に放射光を分光し各種研究に用いる実験ハッチが設置されています。日本では高エネルギー加速器研究機構（KEK）が管轄する放射光実験施設（フォトンファクトリー：PF）や理化学研究所（RIKEN）が管轄する放射光実験施設（SPring-8）などが挙げられます。その中でもSPring-8は世界最大級の電子エネルギー（8 GeV）を有し、光軸の安定性や施設運転の信頼性においても世界最高のレベルを誇る放射光実験施設です。近年ではSPring-8を利用した多糖類の溶液化学についての研究が報告されています[5]。

3　高分子鎖構造の変化

　当研究グループでは放射光X線を用いた散乱法により

サクランの溶液化学解明を目指しました。しかしながらサクランは既存の多糖と比しても高い分子量を有し、前述の通り重なり合い濃度も低い[1]ため、通常用いられる偏光電磁石からの放射光ではSPring-8の性能をもってしても高分子鎖孤立状態を実現できる濃度における有意な散乱を得ることができませんでした。以上を受け、サクラン水溶液のX線散乱測定では偏光電磁石からの放射に比して、さらに高強度な放射光を生じさせることのできるアンジュレーター放射[4]を利用しました。アンジュレーター放射は電子の進路に沿って、上下に交互に反転するような磁場を作る磁石列により達成できます。ここではある振動において電子が放射したX線とそれ以降の振動で放射されたX線が同位相になるよう素子を作成し、放射波を重ね合わせ強度を増加させます。具体的には放射波の振幅が足し合わされ、その和を二乗したものが放射光強度となります。

　SPring-8には2016年現在、21のアンジュレーター放射専用の実験ハッチ（ビームライン）が存在します。本研究ではその中でも溶液散乱に適した光学系を備えるビームラインBL45XUにおいて実験を行いました。本ビームラインでは、アンジュレーター光を2結晶（ダイヤモンド（111）反射）分光器にて単色化し、K-B配置の水平・垂直平行化ミラーにより寄生散乱を抑えています。BL45XUの利用により重なり合い濃度以下である0.0025重量％のサクラン水溶液からでも有意な散乱が確認できました。

　電気化学的・レオロジー学的評価[1]より、水溶液中の

サクランは濃度に応じてさまざまな階層構造を取ることが明らかとなっています。これを受け本研究では希薄状態（重なり合い濃度近傍）・準希薄状態（絡み合い濃度近傍）・濃厚状態（ゲル化濃度近傍）におけるサクラン水溶液・ゲルの放射光X線散乱測定を行い溶液・ゲル中における高分子鎖構造を評価しました。

実際の実験では各種濃度のサクラン水溶液・ゲルに放射光X線を照射し、後方に発生する散乱光をX線光子型二次元検出器（Pilatus3X）で検出、散乱角θから算出される散乱ベクトル$q=4\pi\sin(\theta/2)/\lambda$（$nm^{-1}$；実空間の逆数。$\lambda$はX線の波長）に対し散乱強度$I(q)$をプロットした散乱曲線を作成しました。散乱曲線におけるべき乗依存性、具体的には$I(q)$ vs qの両対数プロットの傾きE（$I(q)\sim q^{-E}$）は既報より系内における分子（集合体）のフラクタル次元に等しいと分かっています[6, 7]。ここでE～1.0の場合は一次元（棒）状の、E～3.0の場合は三次元（網目）状の形を持つ分子（集合体）の存在を示唆します。本知見を元にEの値から水溶液中のサクラン（集合体）の形状を評価しました。

希薄状態では水溶液中におけるサクラン高分子鎖単体（孤立状態）の構造が評価できます。つまり図1に示す散乱曲線におけるEの値はサクラン高分子鎖単体の形状を表します。$q=0.020\sim0.11nm^{-1}$においてはE＝3.0であり、$q=0.11\sim0.20nm^{-1}$においてはE＝1.0となりました。つまり$q=0.11nm^{-1}$（実空間において57nm）を境に三次元の

第6章 放射光散乱によるサクランの溶液化学

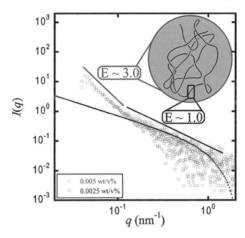

図1：希薄状態（重なり合い濃度近傍）のサクラン水溶液から得られた散乱曲線

網目状構造から一次元の棒状構造に切り替わることが示唆されます。以上を鑑みると図1の挿入図に示すようにサクラン高分子鎖は希薄溶液中において自己会合し、網目を形成していると考えられます。さらにこの網目は直鎖の高分子主鎖から成ることがうかがえます。通常の合成高分子の場合、主鎖が孤立状態においてはブロブと呼ばれる高分子鎖の塊（$E=1.67$；ポリエチレングリコール）を形成し[8]、直鎖状になりません。この違いはサクランが持つ官能基間の静電反発に起因すると予想されます。

※図1：接線の傾き ＝ E ＝ フラクタル次元となります。挿入模式図（赤円）はEの値から推測した水溶液中におけるサクラン高分子鎖のコンフォメーション。黒プロットは円筒のモデル関数によるフィッティング。

希薄状態において網目構造から直鎖構造の切り替わりが中間状態を経ずに起こるため、変曲点[2]（熱相関長 TCL；$q=0.11\mathrm{nm}^{-1}$）よりサクランの持続長（$l_\mathrm{p}=$ TCL$\times 6/\pi$）が導出できます[9]。水溶液濃度0.0025重量％においてサクランのl_pは109nmとなり、多糖類であるアルギン酸（l_p〜9nm）[10]やグリコサミノグリカン（GAG；l_p〜21nm）[11]ないし直鎖デオキシリボ核酸（DNA；l_p〜2.5nm）[12]に比しても大きな値となりました。

散乱曲線を用いた詳細な高分子の構造評価法として、モデル散乱関数によるフィッティングが一般に用いられます。今回各種モデル関数を用いて散乱曲線を評価したところ、半径1.76nm, 長さ1000nm の円筒を仮定したモデル散乱関数[13, 14]が$q=0.11$〜$0.20\mathrm{nm}^{-1}$の領域で良好にフィットしました。この結果は図1の挿入図における網目を構成する直鎖がこのような棒状構造を取ることを示唆し、これまでの顕微鏡による評価[15]と矛盾しません。

一方準希薄状態においては、電気化学的・レオロジー学的評価[1]よりサクラン高分子鎖は絡まり合いを起こすことが分かっています。よって準希薄領域のX線散乱より、水溶液中におけるサクラン高分子鎖が絡み合って形成される集合体の構造が評価できます。つまり図2に示す散乱曲線におけるEの値はサクラン高分子鎖集合体の形状を表します。Eの挙動は希薄状態のものとは大きく異なります。具体的に$q=0.020$〜$0.11\mathrm{nm}^{-1}$においてはE＝2.0、$q=0.11$〜$0.87\mathrm{nm}^{-1}$ではE＝1.0となり、その後再度E＝2.0に切り

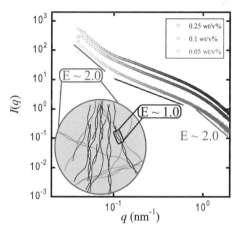

図2：準希薄状態（絡み合い濃度近傍）のサクラン水溶液から得られた散乱曲線

替わります。$q = 0.020 \sim 0.11 \text{nm}^{-1}$ における E の値は、高分子鎖の絡まり合い構造に起因すると考えられます。一方電子顕微鏡による観察[15]より、準希薄状態においてサクラン高分子主鎖が作るらせん構造が確認されています。よって $q > 0.11 \text{nm}^{-1}$ における E の挙動はサクラン主鎖によるらせん構造に由来すると予想されます。以上の考察を元に、準希薄状態におけるサクラン高分子鎖集合体の構造を図2挿入図として示しました。

※図2：接線の傾き＝E＝フラクタル次元となります。挿入模式図（緑円）はEの値から推測した水溶液中におけるサクラン高分子鎖のコンフォメーション。

4 サクランのらせん構造会合による網目形成に起因

さらに水溶液濃度が向上し濃厚状態(0.25重量％以上)になると系はゲル化[1]します。これは濃度増加に伴うサクランのらせん構造会合による網目形成に起因すると推察されてきました。図3に示す濃厚状態のサクラン水溶液(ゲル)からの散乱曲線では$q=0.020〜0.11\mathrm{nm}^{-1}$においてE＝3.0であり、網目構造の存在が直接的に示されました。

加えて濃厚状態では$q=0.27\mathrm{nm}^{-1}$(実空間において27nm)に明確な散乱ピークが確認されました。これは前述したサクランらせん構造の会合に起因すると考えられます。濃厚状態では当該らせん構造会合に伴い、ネマティッ

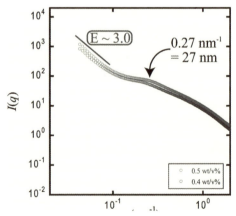

図3：濃厚状態(ゲル化濃度近傍)のサクラン水溶液(ゲル)から得られた散乱曲線

※図3：接線の傾き＝E＝フラクタル次元となります。0.27nm^{-1}(実空間で27nm)において明確なピークが確認されます。由来については本文にて詳細に議論しています。

ク液晶を誘起するマイクロ〜ミリメートルオーダーの巨視的な液晶ドメインが形成されます[16]。よって濃厚状態におけるピークはらせん構造の会合に伴う液晶ドメイン＝秩序だったらせん配列からの回折に由来すると予想されます。また電子顕微鏡観察[15]よりサクランらせん構造は数十nm程度のらせんピッチと数nm程度の直径を持つことが確認されました。しかしながら電子顕微鏡観察は乾燥試料に対して行われており、水溶液中の構造がどれほど保たれているかは不明です。以下では当該濃度領域の放射光X線散乱の結果をより詳細に解析し、散乱ピークの由来について議論します。

図3に示す散乱曲線の $q>0.11\mathrm{nm}^{-1}$ の空間スケールにおいては、サクラン高分子鎖集合体はらせん構造を取っているため、円柱形状と見なせます。よってMittelbach[17]らが提唱したCross-section plot：$qI(q) \sim \exp(-(1/2)R_c^2 \times q^2)$；$R_c = r/(2^{0.5})$ により、らせん断面の回転半径 R_c ないしらせん半径 r を算出できます。ここでは散乱曲線に q を掛け合わせ、−1乗で効く「棒」としてのファクターをキャンセルし、R_c を導出しました。

Cross-setion plotは図4（次ページ）のように書くことができ、曲線の傾きよりらせん半径 r は1.76nmと算出されました。この値はサクラン高分子鎖直径（0.8nm〜1.4nm）に比して大きいため、サクラン高分子鎖が濃厚状態において多重らせんを形成していることが示唆されます。前述した電子顕微鏡観察の結果[15]を併せると、図3で確認され

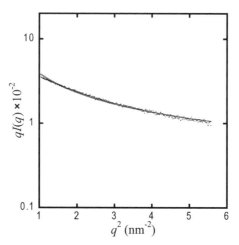

図4：濃厚状態（0.25重量％）のサクラン水溶液（ゲル）から得られた Cross-section plot

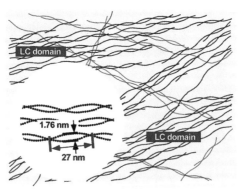

図5：濃厚状態（0.25重量％）のサクラン水溶液（ゲル）における高分子主鎖らせん構造

※図4：接線の傾きより本文中に示す式に従いらせん断面の回転半径 R_c ないしらせん半径 r が算出できます。
※図5：らせん構造が液晶ドメイン（LC domain）を形成します。ドメイン中でらせんが規則正しく配列することにより、散乱曲線におけるピークが生じると考えられます。

る散乱曲線におけるピークは、サクラン高分子鎖らせんのらせんピッチに相当すると考えられます。このらせんピッチは他の生体高分子（DNA, 多糖類）[11, 12]に比べても非常に大きな値です。これはらせんを作るための相互作用点となるアミノ糖残基を有する構造単位がサクラン高分子鎖中では比較的少ない[15]ことに起因します。

　散乱曲線ないしCross-section plotの解析結果より、濃厚状態におけるサクラン水溶液（ゲル）においては図5のようならせん構造および液晶ドメインが形成されていると考えられます。これらの結果はサクランゲルの液晶ドメイン中における高度に配列したらせん構造の存在を実験的に解明した初めての例です。散乱曲線のピークとして確認できるほどにサイズが規定されたらせんピッチは、サクランの高度に秩序だった化学構造[15]（高分子鎖中におけるアミノ糖残基を例とした構造単位の秩序だった間隔）に起因すると考察されます。

5　終わりに

　本章では水膨潤状態のサクラン高分子鎖コンフォメーションを放射光X線散乱を用いて解明しました[18]。サクランが溶媒中で取る超分子構造は濃度により大きく異なります。特にサクランは非常に大きな持続長を持ち、他の生体高分子（GAG, DNA）と比しても非常に大きな値です。これはGAG, DNAの持続長が抽出過程で分子量が減ぜられた試料により評価されているためと推察

されます。この極めて大きい持続長はサクラン中のアミノ糖残基の少なさと共に、非常にルースならせん構造の形成に寄与していると考えられます。放射光散乱で得られたサクランの溶液化学に関する知見はその工業的・医学的応用を可能とします。さらに GAG を例とした生体高分子の自己組織化に対する理解にも寄与し、学術的意義も非常に大きいと言えます。

　末筆になりますが、本研究の遂行に当たり北陸先端科学技術大学院大学の金子達雄教授・桶葭興資助教・岡島麻衣子博士、高輝度光科学研究センター（JASRI/SPring-8）の増永啓康博士には多大なご協力を頂きました。深謝申し上げます。

参考文献

1. T. Mitsumata, T. Miutra, N. Takahashi, M. Kawai, M.K. Okajima, T. Kaneko, Phys. Rev. E 87 (2013) 042607.
2. G.R. Strobl, The Physics of Polymer 3rd Ed.; Springer, Berlin, 2007.
3. Y. Higaki, R. Okazaki, T. Ishikawa, M. Kikuchi, N. Ohta, A. Takahara,. Polymer 55 (2014) 6539-6545.
4. J. Als-Nielsen, D. McMorrow, Elements of Modern X-ray Physics 2nd Ed.; London, 2011.
5. Y. Yuguchi, T. T. T. Thuy, H. Urakawa, K. Kajiwara, Food Hydrocolloids, 16 (6) (2002) 515-522.
6. G. Porod, Small-angle X-ray scattering, Academic Press, London, UK, 1982, p 17-51.
7. P. W. Schmidt, The Fractal Approach to Heterogeneous Chemistry, John Wiley & Sons, New York, 1989.
8. K. Mayumi, K. Ito, Polymer 51 (2010) 959-967.

第6章　放射光散乱によるサクランの溶液化学

9. A. Michelman-Ribeiro, H. Boukari, R. Nossal, F. Horkay, Macromolecules 37 (2004) 10212-10214.
10. B.T. Stokke, D.A. Brant, Biopolymers 30 (1990) 1161-1181.
11. L. Ng, A.J. Grodzinsky, P. Patwari, J. Sandy, A. Plaas, C. Ortiz, J. Struct. Biol. 143 (2003) 242-257.
12. H. Chen, S.P. Meisburger, S.A. Pabit, J.L. Sutton, W.W. Webb, L. Pollack, Proc. Nat. Acad. Sci. USA 109 (2012) 799-804.
13. N. Saito, Y. Ikeda, J. Phys. Soc. Jpn. 7 (1952) 227.
14. A. Guinier, G. Fournet, Small-Angle Scattering of X-Rays, John Wiley and Sons, New York, 1955.
15. M.K. Okajima, D. Kaneko, T. Mitsumata, T. Kaneko, J. Watanabe, Macromolecules 42 (2009) 3057-3062.
16. M.K. Okajima, T. Bamba, Y. Kaneso, K. Hirata, E. Fukusaki, S. Kajiyama, T. Kaneko, Macromolecules 41 (2008) 4061-4064.
17. P. Mittelbach, Acta Phys. Austriaca 19 (1964) 53-102.
18. K. Shikinaka, K. Okeyoshi, H. Masunaga, M. K. Okajima, T. Kaneko, Polymer 99 (2016) 767-770.

人の健康と自然を守る

　地の塩社は1975年創業です。当時は赤潮や工場排水などによる水質汚染が非常に問題となっていました。そこで、浄化処理に大量の水を必要とする廃食油を用いた石けんを作り、販売をはじめました。それが弊社の原点です。

　しかし、きれいごとだけでは、世の中は動いてくれません。当時リサイクルの石けんは使い勝手が悪いためなかなか売れず、環境問題に対する投げかけにも世間は冷たい反応でした。弊社は長い期間、低空飛行を続けていました。転機が訪れたのは80年代に入ってからです。全国に生協を中心とした石けん運動が広がり、弊社にも仕事が増えてきました。

　そんな中で、保湿力・肌のバリア機能の改善機能・抗炎症作用を持つ"サクラン"に出会いました。サクランは一般的な天然多糖類と違った超巨大分子であるため、その溶解は非常に手間のかかる作業です。サクランを高配合した原液の商品化

は困難な道のりでしたが、これまで積み上げてきた天然原料を活用した化粧品開発のノウハウを注ぎ込み、サクランの特長を引き出すことができました。
　「自然の素材」は単体では使いにくいものも多く、それをどう表現していくか「創意工夫」がこれからの課題でもあります。弊社では、営業、企画、技術、製造それぞれの持ち場で役割分担を果たしながら、日々活動を行っています。

株式会社 地の塩社

第7章

サクランのスキンケア効果

東京工科大学　正木 仁

第7章　サクランのスキンケア効果

1　はじめに

サクランはスイゼンジノリ（九州の一部の地域に成育する淡水性ラン藻類の一種）の細胞外マトリックスに存在する高分子多糖類です。スイゼンジノリは、淡水に含有される成分により生育が左右されることから、阿蘇山の岩盤からの湧水が流れ込む河川がある地域に限定して生育しています。しかし、1990年を境に生活排水の流入による湧水の汚染、ダム建設による河川の環境変化により、徐々にその生育領域は狭まり、現在では熊本県と福岡県の一部でのみスイゼンジノリの生育が確認されています。この状況が放置されれば近い将来には絶滅の可能性が指摘されることから絶滅危惧種に指定されています。

サクランは超高分子多糖体であること、11種の単糖の組み合わせであること、その中に硫酸基やカルボキシル基のような陰イオン性の糖鎖を持つことなどの分子構造的な特長を持っています。

サクランはヒアルロン酸の約5～6倍の保水率を示すことが報告されていることから、保湿効果に由来するスキンケア効果が期待されます。

本章では、サクランのユニークな特性によるスキンケア効果について著者らの検討結果と文献からの報告を引用して紹介します。

2　サクランとポリオールの相互作用

　サクラン水溶液へ化粧品製剤に汎用されるポリオール類の混合液を調製し、乾燥させることにより水に対して難溶性のシートを形成します。このシートは含水した水を保持することからゲル状シート（GS）と名付けられました。サクランとポリオールのゲル状シート形成能にはポリオールの分子構造と混合比率に依存することが確認されています。ゲル状シート形成プロフィールを図1に示しました。この図で分かるように、3つの水酸基を構造内に持つグリセリンではGSの形成が確認されず、2つの水酸基を構造内に持つジオール類にGSの形成能が確認されました。ブタンジオールでは、2つの水酸基の結合位置が離れるほどGS形成領域が狭くなり、ジオールのアルキル鎖長が3か

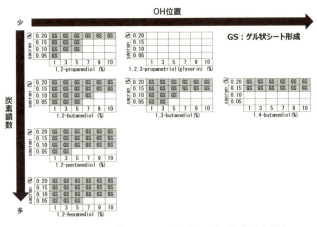

図1　サクラン−ポリオールのゲル状シート（GS）形成領域

ら6に増えるにしたがってGS形成領域が広くなることが確認されました。

以上の結果から、GS形成能を発揮するために必要なポリオールの化学構造的特長は以下のようになります。ポリオールはジオール構造が必要であり、水酸基の結合位置はアルキル鎖の末端と隣接する1位と2位のジオール構造とアルキル鎖長が適度に長いことが必要です。

3 サクラン-ポリオールにより形成されたGSの物理的特性

化粧品製剤に汎用される1、3-ブタンジオールを用いて調製したGSの物質透過性について紹介します。これはサクラン配合の化粧品を皮膚へ塗布した時に形成されると考えられるGSの作用をGSの物性面から明らかにすることを目的としました。皮膚内部から水分の蒸散に対する作用を明らかにするため、GSを透過する水分量について図2

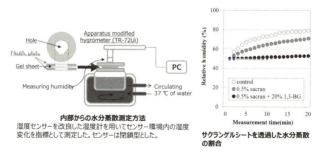

図2 サクラン-ポリオールのゲル状シート(GS)の水分透過性

に示したシステムを用いて測定しました。GS を透過して蒸散する水分量を湿度センサーを用いて計測したところ、サクランのみで調製したシートに比較してサクランと1、3-ブタンジオールを用いて調製した GS は水分透過性を有意に抑制しました。

次に皮膚の外部からの化学物質の皮膚への浸透に対するGS の作用を明らかにするため図3に示したシステムを用いて化学物質の浸透性を測定しました。この検討では化学物質として水溶性の蛍光色素であるカルセインを用いました。皮膚の代替膜として羊毛のケラチンタンパクより再生したケラチンフィルムを用い、ケラチンフィルム上に GS を調製しました。カルセインの膜透過は、サクランのみで調製したシートに比較してサクランと1、3-ブタンジオールを用いて調製した GS のほうが有意に低いことが確認されました。これらの結果をまとめると、サクランとポリオールにより調製された GS には皮膚表面において形成さ

外部からの化学物質の侵入に対するゲルシートの効果実験モデル
下から順番にケラチンフィルム、サクランゲルシートを張り付けたプラスチックチューブにカルセイン水溶液を添加後、PBSで満たしたウェルにセットし、ケラチンフィルムを透過したカルセインをPBSの蛍光強度を測定して求めた。

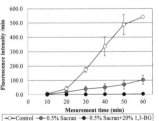

カルセインのサクランゲル状シート透過プロフィール
(PBSの蛍光強度 (Ex/Em: 495/520nm)を10分間隔で60分まで測定した。)

図3 サクラン−ポリオールのゲル状シート (GS) のカルセイン透過性

れることにより皮膚内部からの水分蒸散と皮膚外部からに化学物質の皮膚への侵入を抑制する作用が期待されます。

4　サクラン−ポリオールの乳化性能

　前述のサクランとポリオールの水に難溶な GS の形成から考え、サクランとポリオールの混合体はある種の組織体を形成し、その組織体内に親水性ドメインと疎水性ドメインが存在する可能性が期待されます。

　そこで、サクランと各ポリオールの混合体の乳化性能を、油性成分としてスクワランを用いて検証しました。サクランと各ポリオールの混合体は O/W エマルジョンを形成し、その結果を図4、5（次ﾍﾟｰｼﾞ）に示しました。サクラン−ポリオールの乳化は、乳化後の外観と粒子サイズから確認しました。乳化性能は、GS 形成能と一致し、サクランとの混合により乳化性能を発揮するポリオールは分子内に2つの水酸基を持つジオールであること、水酸基の結合位置はアルキル鎖の末端と隣接する1位と2位でありアルキル鎖長が適度に長いことが要件となります。

　この結果、サクランとポリオールの組織体内に親水性ドメインと疎水性ドメインを存在していることが証明されました。サクラン−ポリオール混合体の、種々の油性成分に対する乳化能を確認した結果を表1（次ﾍﾟｰｼﾞ）に示しました。サクラン−ポリオール混合体は、液状、ペースト状、固形（ワックス）状の物性に関係なく流動パラフィン、エステル類、シリコーン系油剤、フッ素系油剤の極性の大きく異

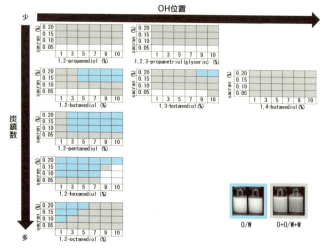

図4　サクラン-ポリオール混合体によるスクワランの乳化領域

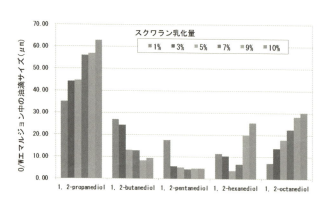

図5　サクラン-ポリオール混合体によるスクワランの乳化粒子（油滴）サイズ

第7章 サクランのスキンケア効果

Oil	non-polar	polar	silicone & fluoline oil
Liquid	Squalane ○	Isostearyl alcohol ○	Dimethicone ○
	Mineral oil ○	Octyldodecanol ○	Cyclopentasiloxane ○
	Hydrogenated polyisobutene (low viscosity) ○	Glyceryl tricaprylate/tricaprate ○	Polyperfluoromethylisopropyl ether ○
	Hydrogenated polyisobutene (high viscosity) ×	Diisostearyl malate ○	
Paste	Petrolatum ○	2-Ethylhexyl hydroxystearate ○	
		Lanolin ○	
Solid (wax)	Paraffin wax ×	Cetyl alcohol ○	
	Microcrystalline wax ×	Behenyl alcohol ○	

○：安定可　×：乳化できず

表1：サクラン乳化に用いられた油の種類とその結果

なる油性成分、乳化可能であることも確認されました。サクラン－ポリオール混合体の乳化性能の特長は、油性成分の極性に依存しないこと、0.2%サクラン－10%ポリオールの混合体では乳化可能な油性成分配合濃度は10%程度を限界とすることです。以上の結果から、サクラン－ポリオールの乳化には、以下のメカニズムが考察されます。①サクランとポリオールの組織体の疎水ドメイン内に油性成分が取り込まれる。②サクランがポリオールと形成する組織体にはポリオールのアルキル鎖が表面に存在し、分子状のピッカリング乳化を形成する。（ピッカリング乳化とは、微細な粉体が油滴の表面を覆うことにより油滴を水中に安定に存在分散させる乳化のことです）

一般的に乳化時に過剰に配合される界面活性剤は、角層間に存在する細胞間脂質ラメラ構造体と相互作用をすることにより角層バリア機能を低下させ、皮膚内部への化学物質あるいは微生物の侵入を容易にさせます。この事実から、角層バリア機能が低下しているアトピー性皮膚炎患者や敏感肌用の化粧品には、界面活性剤の選択と配合量が慎重に検討されています。サクランはポリオールと併用することにより界面活性剤を使用せずに乳化製剤を調製できることから、角層バリア機能の弱い皮膚には刺激性の低いスキンケア製剤を提供できるものと考えられます。

5　サクランの健常人皮膚に対する効果

　健常な女性（36〜60歳）10人を被験者とし、0.2％のサクラン水溶液を1日2回、半顔使用を4週間継続しました。この試験におけるサクラン水溶液の皮膚の肌理に及ぼす効果を評価しました。サクラン使用による肌理の変化を図6に示しました。

試験開始前　　　　2週間後　　　　4週間後

図6　サクラン水溶液長期連用による肌理改善効果

健常な女性（36〜60歳）10人をパネルとし、0.2％のサクラン水溶液、1日2回、半顔使用を4週間継続した。写真は代表例を示した。

塗布開始時には皮膚の肌理は、乾燥肌に特徴的な等方性を示しています。サクラン水溶液使用後には肌理の形状が、毛穴を中心に皮溝が放射状に伸びた異方性を示し肌理の明らかな改善効果が確認されました。

一般的に肌理の形状は角層内の水分量に依存した変化をすることが知られています。この肌理の形状改善効果はサクランによる角層水分状態の改善により発揮されたものと考えられます。

6　おわりに

最後に絶滅危惧種である九州の一部に成育する淡水性ラン藻類であるスイゼンジノリから抽出される天然多糖類サクランの物理的な特性とサクランの期待されるスキンケア効果について述べることとします。

サクランは化粧品に保湿剤や防腐効果を期待して配合されるポリオールと組織体を形成することによりゲル状のシート（GS）となります。この組織体は、油性成分に対して乳化能を示し、皮膚刺激性の原因となりうる界面活性剤を使用しないスキンケア製剤を提供することができます。さらに、皮膚表面において形成されたGSは、皮膚内部からの水分蒸散を抑制することにより角層を潤し、正常な表皮細胞の分化を誘導し成熟した角層の形成に貢献することが期待されます。さらに、外部から化学物質や微生物の皮膚内部への侵入を妨げ、これらによる皮膚障害の惹起を抑制する可能性が併せて期待されます。このような作用は、

皮膚表面において保護膜を形成し、角層の本来の作用を強く補助するものであり、この作用は正にスキンケア製品に求められる本質的な効果です。さらに、サクランはアトピー性皮膚炎に罹患している患者の皮膚状態をスキンケア効果により改善、良好な状態を維持することが期待されます。このようにサクランには高いスキンケア効果が期待されます。

しかしながら、淡水湧水で生育するラン藻類であるスイゼンジノリは絶滅危惧種に指定されており、近年のダム建設や、家庭からの生活排水による湧水の水質悪化により、その成育環境の悪化がスイゼンジノリの生育領域を徐々に減少させている状況にあります。スイゼンジノリの養殖についても環境を改善していくことにより拡大することが可能となると考えられます。この現状を打開する意味においても、サクランの市場性を高めることが環境を改善、養殖規模の拡大のドライビングフォースになるものと考えます。

サクランのスキンケア効果の認知が読者の環境改善への注意を喚起することを期待して、本章を終了します。

参考文献

1. *Journal of Cosmetics, Dermatological Sciences and Applications*; 6, 9-16（2016）
2. 日本薬学会第134回年会要旨集（2014）
3. 28th IFSCC Congress at Paris Proceedings（2014）

サクラムアルジェ
ブランド立ち上げの経緯

　主人の事業を手伝いながら子育てに奮闘、家庭と仕事の両立で毎日分刻みの時間を過ごしていました。20代のころは周囲の人から褒められていた自分の肌ですが、アラサーになる頃には肌トラブルが頻繁に起こるようになりました。そんな時、「サクランの発見者、岡島博士」を特集したTV番組を偶然目にし、とてつもない保水能力・保湿能力・コーティング力を兼ね備えた"サクラン"に興味を持ちました。

　ところが、"サクラン"を使った化粧品はいくら探してもイメージ通りのものは見つからず、いつしか、自分の理想通りの"サクラン"化粧品を作りたいと強く思うようになったのです。その思いを伝えるため、岡島博士と直接お会いしてお話を聞くと、「"サクラン"を化粧品に配合するには、他成分との組み合わせや、配合量などに適切なテクニックを要する」とのこと。

岡島博士自身もこの"サクラン"と対峙し幾度となくトライを繰り返し試行錯誤の末、「"サクラン"が"サクラン"として機能」するための絶対濃度や調合時のテクニックを見いだしたと言います。そこで、誰よりもサクランを理解している岡島博士に監修をお願いしました。

　多忙で肌コンディションを崩している方や、長く敏感肌で苦しんでいる方のために、"サクラン"化粧品の最高峰を目指し、また、赤ちゃん肌基準の安全性を追求しました。構想からなんと2年2カ月の歳月を経てようやく完成したのが、このサクラムアルジェブランドなのです。

サクラムアルジェ 株式会社
代表　金子亜美

第8章

サクランの医薬への応用について

熊本大学　有馬英俊
　　　　　本山敬一
　　　　　東 大志
　　　　　林 智哉

第8章　サクランの医薬への応用について

1　はじめに

　サクランは、日本固有の食用藍藻であるスイゼンジノリ（学名：*Aphanothece Sacrum*）から抽出された、平均分子量2,900万、分子鎖長10μm以上の超高分子多糖体です。サクランの基本物性については、金子達雄先生らが執筆した第4章を参照いただきたいが、特長として構成糖に硫酸化ムラミン酸を有する硫酸化多糖体であること、自重の6,100倍の水を吸収でき、代表的な保湿剤であるヒアルロン酸よりも5倍以上の保水力を有すること、などが挙げられます。既に第7章で述べられていますように香粧品への応用も拡がっており、サクランの皮膚に対する機能性が明らかになりつつあります。

　一方、硫酸化多糖体が抗炎症作用などのさまざまな生理活性を有することが多数報告されています。代表的な硫酸化多糖には、ヒアルロン酸、コンドロイチン硫酸やデルマタン硫酸、などが知られています。例えば、ヒアルロン酸は、変形性膝関節症、関節リウマチやシェーグレン症候群などの炎症性疾患に対して用いられています。また、コンドロイチン硫酸やデルマタン硫酸も変形性関節炎に対して抗炎症効果を有することが知られています。さらに、他の硫酸化多糖であるフコイダンは、抗炎症効果に加えて、免疫活性化作用やがん細胞増殖抑制作用もあることから、抗がん剤と併用することで、相乗的な抗腫瘍効果が発揮されるという研究報告もあります。しかしながら、硫酸化多糖であるサクランの抗炎症作用をはじめ、その生理活性はほ

とんど明らかになっていません。本章では、抗炎症作用を中心にサクランの医薬への応用に関する研究成果について概説します。

2 足蹠浮腫モデルに対するサクランの抗炎症効果[1]

　足蹠(そくせき)浮腫モデルは、ラットの踵(かかと)にカラゲニンという炎症を引き起こす物質（起炎剤）を注射することで浮腫が誘発される急性炎症モデルです。カラゲニンは、ヒスタミンやセロトニン、プロスタグランジン、ブラジキニンといったケミカルメディエーター（細胞から細胞への情報伝達に使用される化学物質）の放出と好中球の炎症部位への集積を引き起こします。カラゲニンをラットの踵に注射した後、サクラン水溶液を毎時間塗布して、腫れた足の体積を測定しました。その結果、カラゲニンによって誘導された踵の浮腫は、0.05%のサクラン水溶液を塗布することによって抑制されました（図1）。また、サクランの浮腫抑制効果は、医薬品に使用されている抗炎症薬であるビフェニル酢酸と同等以上でした。興味深いことに、カラゲニン誘発性足蹠浮腫に対するサクランの抗炎症効果は、0.05%付近で最も高く、それ以上の濃度では効果が減弱してしまうことが示されました。これらの結果より、サクランの抗炎症効果に至適な濃度領域の存在が示唆されました。

　次に我々は、サクラン分子が皮膚を透過できるか否かを調べました。サクラン自体を顕微鏡で観察することは困難であるため、サクランに蛍光物質を結合させた蛍光ラベル

第8章 サクランの医薬への応用について

化サクランを調製して、その蛍光を指標にサクランの皮膚透過性を調べました。カラゲニンをラットの踵に注射した浮腫モデルに、蛍光ラベル化サクランを塗布し、3時間後に踵の組織切片を作製し、蛍光顕微鏡で観察しました。その結果、ラベル化サクラン由来の蛍光は、健常なラットの踵では皮膚表面のみにしか観察されなかったのに対して、浮腫モデルの踵では皮膚の内側にもサクランが透過していることが示されました(データ未掲載)。このことから、サクランは健常な皮膚を透過しにくいものの、炎症により皮膚表面のバリア機能が低下した皮膚では透過することが示唆されました。

サクランは非常に高分子量であるために、溶液中で複雑に絡み合う一方、濃度に応じて複雑な形態をとることが報告されています。三俣哲先生らの研究によると、0.1%以下の濃度において、サクラン分子は互いに凝集して小さな球状構造をとるが、0.1%以上の濃度では、サクラン分子同士が配向性を示すようになり、大きな集合体を形成しま

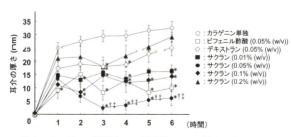

図1 カラゲニン誘発性ラット浮腫モデルに対するサクラン水溶液の抗炎症効果

す。サクランが最も抗炎症効果を示した濃度は0.05％であることから、サクラン分子は小さな球状構造をとっており、皮膚を透過したサクラン分子が抗炎症効果を示した可能性が考えられます。

3　耳介浮腫モデルに対するサクランの抗炎症効果[1]

　前項では、足蹠浮腫モデルに対するサクランの抗炎症効果について述べました。次に、起炎剤をマウスの耳に塗布し、炎症を起こさせた、耳介浮腫モデルに対するサクランの影響について検討しました。今回、起炎剤として用いた12-*O*-テトラデカノイルホルボールエステル-13-アセタート（TPA）は、皮膚に触れると炎症刺激を与え、湿疹や紅斑、かゆみ、痛みといった症状を誘導します。図2に示すように、TPAを塗布したマウスでは耳に浮腫が生じ、耳介の厚さが時間の経過とともに増大しました。一方、0.05％および0.1％サクラン水溶液を塗布したマウスでは、浮腫が抑制されていることが分かります。また、その効果は前項で示したラット足蹠浮腫モデルと同様に0.05％サクラン水溶液が最も高い抗炎症効果を示しました。

　また、図表には示しませんが、アレルギー性接触皮膚炎を誘導するオキサゾロンという起炎剤を用いて、サクランの抗炎症効果を検討しました。アレルギー性接触皮膚炎とは、原因物質が繰り返し皮膚に接触することで起こる炎症疾患です。実験は、オキサゾロンをマウスの耳に2回塗布した後に、1％サクラン水溶液を1日1回塗布して、耳

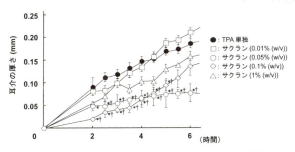

図2　TPA耳介浮腫モデルマウスに対するサクラン水溶液の抗炎症効果

の厚さを測定しました。その結果、オキサゾロンにより誘導された接触性皮膚炎に伴う耳介の厚さの増加は、サクラン水溶液の塗布により有意に抑制されました。

これらの結果より、サクランは刺激性皮膚炎およびアレルギー性接触皮膚炎を抑制することが明らかとなりました。

4　アトピー性皮膚炎に対するサクランの抗炎症効果[2]

アトピー性皮膚炎（AD）とは、「増悪、寛解を繰り返す、掻痒のある湿疹を主病変とする疾患であり、患者の多くはアトピー素因を持つ」と定義されています。ADの患者数は世界中で年々増加しており、有症率は世界で1〜20%といわれています。ADの発症原因は未だ不明ですが、遺伝的および環境的要因などが関与すると考えられています。

正常な皮膚は、水分の蒸散を調節することで皮膚のバリア機能を保ち、アレルゲンなど抗原の侵入を防いでいます。しかし、AD患者の皮膚では、このバリア機能が破綻して

いることが多く、角質の水分量が低下しています。そのため、ADの原因物質（アレルゲン）が皮膚へ侵入しやすくなり、炎症性細胞が活性化され、アレルギー症状が引き起こされます。つまり、ADの治療では皮膚バリア機能の回復および免疫反応の抑制が重要と考えられます。

　ADの治療法として、①皮膚バリア機能を改善するための保湿外用薬、②皮膚炎症を抑制するためのステロイド療法や免疫抑制剤、③痒みを抑制するための抗ヒスタミン薬、④AD症状を悪化させる因子の除去、などがあります。しかしながら、ステロイド外用剤は、皮膚が萎縮したり感染症にかかりやすくなったりするといった局所的な副作用や、まれに骨粗鬆症やムーンフェイスなどの全身性の副作用を引き起こすことがあります。また、免疫抑制剤により、時に皮膚刺激を生じることが報告されています。前述したように、ADは増悪と寛解を繰り返す疾患であることから、長期間にわたり、安全で副作用が少なく、より効果的なAD治療薬の開発が望まれています。

　一方、サクランは高い保水力や皮膜形成能力を有することから、皮膚のバリア機能を高めることにより、AD症状を改善する可能性が考えられます。さらに、前項で示した足蹠浮腫モデルおよび耳介浮腫モデルを用いた結果より、サクランは皮膚炎に対して抗炎症効果も有することから、AD症状を軽減できる可能性が考えられます。そこで我々は、ADモデルマウスに対するサクランの抗炎症効果を検討しました。ADを誘発させる起炎剤として、トリニトロ

第8章　サクランの医薬への応用について

ベンゼンスルホン酸（TNBS）を用いました。剃毛したマウスの背部および耳にTNBSを2回塗布した後、0.05％サクラン水溶液を1日1回塗布した際の皮膚炎の強さおよび耳介の厚さを評価しました。その結果、0.05％サクラン水溶液は、ADモデルの皮膚炎スコアおよび耳介の厚さの上昇をステロイド薬のプレドニゾロンと同等まで抑制しました（データ未掲載）。このことから、サクランは、ADモデルマウスの症状を改善できることが示唆されました。

さらに、AD患者に対してサクランを応用可能であるかを検討するために、熊本大学医学部附属病院皮膚科を中心として、熊本大学大学院生命科学研究部の倫理委員会の承認を得て（倫理第745号）、臨床研究を行いました。被験者は、20歳以上の男女25名のAD患者であり、インフォームドコンセント（患者への説明と同意）を得て、実施しました。臨床研究プロトコールは、0.05％サクラン水溶液を1日2回、4週間にわたり塗布し、AD症状について患者アンケートおよび医師の診察結果を基に評価しました。

AD患者の症状は、①紅斑、②肌のかさつき感、③患部炎症の痒み、④刺激感、⑤患部の腫れ、⑥患部の落屑、⑦引っ掻きによる傷および腫れ、⑧患部炎症の痛み、⑨患部炎症の外観、⑩患部炎症の違和感、⑪しっとり感、⑫べたつき感、⑬乾燥の全13項目を5段階でアンケート評価しました。AD患者に対して0.05％サクラン水溶液を1日2回塗布したところ、ほとんどの患者において皮膚症状が顕著に改善することが分かりました。さらに、医師の診察から

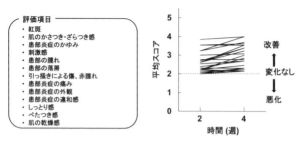

図3 AD患者に対するサクランの治療効果 （臨床研究）

も、AD患者の睡眠障害や痒み、皮膚炎症状の改善が示されています。このことから、サクランはヒトにおいてもAD症状を改善することが明らかとなりました（図3）。

では、サクランはどのようにしてAD症状を改善するのでしょうか。サクランのAD抑制メカニズムは、前に述べたように①皮膚バリア機能の改善、②サクランの炎症性細胞に対する直接的な抗炎症効果などが考えられます。我々は、サクランが皮膚バリア機能を改善するかを調べるために、ADモデルマウスの角質水分量および皮膚の保湿因子であるプロフィラグリンの発現量を測定しました。データは示しませんが、サクラン水溶液の塗布により角質水分量およびプロフィラグリンの発現は増加しました。したがって、サクランは、皮膚バリア機能を高めることでAD症状を改善する可能性が示されました。

次に、サクランが炎症性細胞の活性化を抑制できるか否かを明らかにするために、炎症性細胞にサクランを処理後の炎症反応を検討しました。まず、マウスマクロファージ

様株化細胞のRAW264.7細胞に、炎症刺激物質としてジニトロフルオロベンゼン（DNFB）を処理後の各種炎症性サイトカインのmRNAを調べました。その結果、0.05%サクランをDNFBを共処理したところ、RAW264.7細胞において発現が誘導される、腫瘍壊死因子-α（TNF-α）、インターロイキン1β（IL-1β）、インターロイキン-6（IL-6）などの炎症性サイトカインmRNAの産生は有意に抑制されました。このことから、サクランはマクロファージの炎症反応に対して抑制的に作用することが示唆されました（データ未掲載）。

　一方、肥満細胞はケミカルメディエーターを放出することでアトピー性皮膚炎の発症に関わります。そこで、肥満細胞モデルとして、ラット好塩基球様細胞であるRBL-2H3細胞に対するサクランの影響を調べました。詳細は割愛しますが、0.05%サクランは、RBL-2H3細胞から放出されるケミカルメディエーターであるβ-ヘキソサミニダーゼを抑制することが明らかとなりました（データ未掲載）。今後、他の炎症性細胞に対するサクランの影響についても詳細に検討していく必要があります。

　以上の結果から、サクランは①皮膚バリア機能の改善すること、②マクロファージや肥満細胞などの炎症反応を抑制することにより、AD症状を改善したものと考えられます（次ページ図4）。

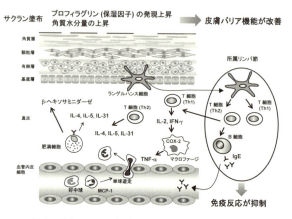

図4 サクランのアトピー性皮膚炎抑制作用 (推定)

5 皮膚創傷モデルに対するサクランハイドロゲルの抗炎症効果[3、4]

近年、皮膚創傷に対して、①消毒をしない、②乾かさない、③水道水でよく洗うという3原則を基に行う治療法が普及しています。かつて、創傷は乾燥させれば治る、また消毒すれば細菌感染が防げるといった認識が広がっていました。しかし、創傷の治療は湿潤を保つ方が治癒は早く、また消毒液によって細菌だけでなく、創傷部の細胞も殺してしまうことから、近年では創傷部位を保湿する湿潤療法が主流となっています。皮膚を簡便に湿潤させる方法として、創傷部をラップで覆うラップ療法があります。しかし

第8章　サクランの医薬への応用について

ながら、この方法は創傷部を完全に閉塞することができず、重篤な感染症や治癒の遅延が起こった症例が報告されています。そこで、ハイドロゲルやポリウレタンフィルム、ハイドロコロイド、ハイドロポリマーなど、ドレッシング材と呼ばれる創傷部の被覆材が用いられています。ドレッシング材に求められる性質としては、ゲルやフィルムを形成できること、保水力が高いこと、生体適合性に優れること、生分解性を有することなどがあり、現在アルギン酸ナトリウムという多糖を用いたハイドロゲルなどが利用されています。

一方、サクランはゲル形成能やフィルム形成能を有しており、保水力はヒアルロン酸の5倍以上と非常に優れています。さらに、食用藍藻由来の多糖であることから生体適合性が高いものと考えられます。そこで我々は、サクランがドレッシング材として有用であるか否かを検討しました。サクランをハイドロゲル化する方法として、北陸先端大学の金子達雄先生らは、陽イオンの金属原子で陰イオンのサクラン分子を架橋する方法と、架橋剤を用いずにサクラン水溶液を高温で乾燥させてフィルム化させた後に水分を与える方法を開発しました。後者のゲルは、金属イオンを用いないことから前者のゲルと比較してより生体適合性に優れることが予想されます。そこで我々は、サクランをフィルム化した後者のゲルを用いて皮膚創傷モデルに対する治癒促進効果を検討しました。

実験は、生検パンチを用いてマウスの背部皮膚に一定サ

イズの創傷を形成させた後、サクランハイドロゲルを貼付して、創傷部の面積を経時的に測定しました。その結果、サクランハイドロゲルを貼付したマウスの創傷面積は、何も貼付していない場合と比較して小さく、治癒速度が速いことが示唆されました（図5）。さらに、サクランハイドロゲルを貼付部位の皮膚水分量は有意に増加することが示されました。

　これらの結果より、サクランハイドロゲルは、創傷部の湿潤環境を保つことで、治癒を促進したことが考えられます。また、これまでの検討から皮膚において抗炎症効果を示すため、創傷部における過度の炎症を抑制することも治癒促進に関与しているものと推察されます。

　これまでサクランの皮膚炎抑制や創傷治癒促進効果について概説しました。サクランは、皮膚上で水分を保持し、皮膜を形成するために角質水分量を増加させることができます。さらに、炎症部位では一部のサクラン分子が皮膚に浸透して、炎症性細胞の過剰な反応を抑制するものと考え

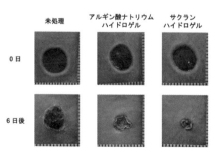

図5　サクランハイドロゲルの創傷治癒促進効果

られます。これらの機能が皮膚の機能を改善し、抗炎症作用や創傷治癒を促進していると考えています。サクランの皮膚に対する効果は、香粧品分野のみならず、医薬分野での応用も期待させるものです。

6　胃潰瘍モデルに対するサクランの抗炎症効果

胃潰瘍は、攻撃因子（アンモニア、胃酸、ペプシンなど）が防御因子（胃粘膜、プロスタグランジンなど）より優勢になることで、胃組織が胃液による消化を受けて起こる疾患です。主な病因は、非ステロイド性抗炎症薬（NSAIDs）の服用とヘリコバクター・ピロリの感染であり、ストレスやアルコール、喫煙などもリスクファクターとして知られています。胃潰瘍の治療には、プロトンポンプ阻害薬および抗ヒスタミン薬をはじめとする胃酸分泌抑制薬のほか、粘液分泌促進薬や粘膜保護薬などの防御因子増強薬、さらにヘリコバクター・ピロリの除菌を目的とした抗生物質が用いられています。しかしながら、米国では、NSAIDs長期服用者の30％が消化管潰瘍を生じると推定されており、本邦においても日本リウマチ財団の調査でNSAIDs長期服用者のうち62.2％において何らかの消化管病変が見られ、そのうち胃潰瘍は15.5％に上ると報告されています。このように、NSAIDs胃潰瘍が臨床において大きな問題となっています。

一方、サクランはこれまで述べたように皮膚炎症に対して抗炎症効果を示しますが、消化管炎症に対する報告はあ

りません。そこで我々は、NSAIDsの一種であるインドメタシン（IND）をマウスに経口投与することで胃潰瘍モデルを作製し、サクランの抗炎症効果を検討しました。

まず、サクランとINDを同時に経口投与した後、マウスの胃を摘出して胃潰瘍面積を測定しました。その結果、サクランの同時処理によりINDによる胃潰瘍面積の増加が抑制され、その効果は1％サクラン処理のとき最も高くなりました（データ未掲載）。これらの結果より、サクランはNSAIDs胃潰瘍を抑制する可能性が示唆されました。皮膚炎症モデルの検討と同様、胃潰瘍モデルにおいてもサクランの抗炎症効果に至適濃度がありましたが、その濃度は本モデルの方が高くなりました。この要因として、消化管内に存在する胃液などの消化液により、サクランが希釈を受けたためと推察されます。

次に、我々はサクランがNSAIDs胃潰瘍に対して予防効果を示すか否かを検討しました。実験は、INDを処理する1時間前にサクランを経口投与し、一定時間後に胃潰瘍面積を測定しました。その結果、サクランの前処理により胃潰瘍は抑制され、その効果は臨床使用されているプロトンポンプ阻害薬のオメプラゾールおよび抗潰瘍作用を有するフコイダンやβ-グルカンと比較して同等以上でした。

さらに、我々は発症したNSAIDs胃潰瘍に対してサクランが治療効果を示すか否かを調べました。実験は、INDを処理して胃潰瘍を発症させた後、サクランを1日1回で3日間経口投与して胃潰瘍面積を測定しました。その結果、

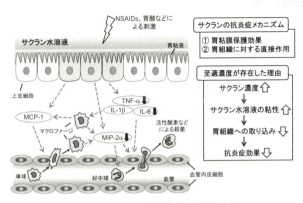

図6　サクランの胃潰瘍抑制効果　（推定）

サクラン前処理の場合と同様、サクラン後処理においても、オメプラゾール、フコイダンおよびβ-グルカンと同等以上に胃潰瘍を抑制しました。これらの結果より、サクランはNSAIDs胃潰瘍に対して優れた予防および治療効果を有する可能性が示されました（図6）。また、詳細は記述しませんが、サクランはNSAIDs胃潰瘍のみならず、アルコール性潰瘍に対しても有効性を示しています。

7　おわりに

サクランには、日本固有の藍藻スイゼンジノリが秘めた驚異的な機能があり、その特性には魅了されるばかりです。本章では、サクランの抗炎症効果や創傷治癒促進効果を中心に概説しました。誌面の都合上、記載しませんでしたが、我々の研究室ではサクランの製剤素材としての可能性や[5]、

再生医療への応用に関する研究も行っています。今後もサクランの医薬への応用に関する研究を通じて、世界の健康・医療に貢献したいと考えております。

参考文献

1. K. Motoyama, Y. Tanida, K. Hata, T. Hayashi, I.I. Abu Hashim, T. Higashi, Y. Ishitsuka, Y. Kondo, T. Irie, S. Kaneko, H. Arima, *Biol. Pharm. Bull.*, 39, 1172-1178 (2016).
2. S. Fukushima, K. Motoyama, Y. Tanida, T. Higashi, Y. Ishitsuka, Y. Kondo, T. Irie, T. Tanaka, H. Ihn, H. Arima, *J. Cosm. Derm. Sci. Appl.*, 6, 1-10 (2016).
3. N. Wathoni, K. Motoyama, T. Higashi, M. Okajima, T. Kaneko, H. Arima, *Int. J. Biol. Macromol.*, 89, 465-470 (2016).
4. N. Wathoni, K. Motoyama, T. Higashi, M. Okajima, T. Kaneko, H. Arima, *Int. J. Biol. Macromol.*, 94, 181-186 (2017).
5. K. Motoyama, Y. Tanida, K. Hata, T. Hayashi, I.I. Abu Hashim, T. Higashi, Y. Ishitsuka, Y. Kondo, T. Irie, S. Kaneko, H. Arima, *Biol. Pharm. Bull.*, 39, 1172-1178 (2016).

ゼロからのモノづくり

　私がメルヴェーユ株式会社を創業したのは、1984年のことです。
　現在34年の時を経て、化粧品を製造する嬉しさ、楽しさを存分に味わっています。画期的な成分・素材が大学や研究機関から生み出され、弊社の研究室でそれらと向き合うとき、新たな製品の創造に幾度も胸を躍らせました。サクランもそうです。研究室が次々に創り出す試作品には、サクランの特異性をおおいに活かすことを試みました。
　ゼロからモノを創り出す私たちは、お客様の反応が一番の結果です。サクランの化粧品は多くのお客様に支持されています。とにかく、保水力・保湿力に非常に優れており、ほとんどのご愛用者様から「お肌の質感が変わった」との声をいただいています。
　サクランは、今後もますます市場を広げていくことが予想されます。日進月歩、新しい成分が次々に生み出される中で、私たちは常に、お肌に一番必要とするもの、大切なものを見失うことなく、製品創りに邁進していきたいと考えています。
　世の女性たちに、外からも内からも、いつまでも輝き続ける女性で、いていただくために。

　　　　　　　　　　　メルヴェーユ 株式会社
　　　　　　　　　　　　代表取締役　内藤昌勝

あとがき

　この小書を執筆していた2016年後半から2017年年初は、スイゼンジノリから新しい多糖体が第4章執筆者の岡島先生により発見されサクランと命名された2006年6月から10年、また、サクラン研究会が発足した2012年1月から5年が経過した記念すべき時期でした。この記念の年にスイゼンジノリとサクランの魅力を広くお伝えしたい思いから小書の出版がサクラン研究会にて決まりました。これまでスイゼンジノリとサクランを紹介する書物は『新発見「サクラン」と伝統のスイゼンジノリ』(椛田聖孝、金子達雄、ふるさと文庫、ハート出版、2009年)という文庫のみでしたので、それ以来の書籍となりました。
　編集方針は、スイゼンジノリとサクランに関する学術的な内容を読者の皆様に分かりやすく伝え、これらの魅力を感じていただきたいということでした。専門的な内容も随所に含まれるため、一般の方々にとりましては、難しいと感じる部分もあったかとは思いますが、執筆者の研究に対する熱い気持ちを感じていただければ本望です。また、専門家の方にとりましては、研究の現状を知る上で有益な基礎資料になるものと期待しています。
　出版日を決める際、本年3月に実施される第51回日本水環境学会年会(2017.3.15〜17、熊本大学)や日本薬学会第137年会(2017.3.24〜27、仙台)を意識し、執筆者

の方々には短い時間での執筆をお願いすることとなりました。しかし、予想を超える速度で原稿が作成・提出され、本書にかける熱い想いがひしひしと伝わってきました。編者として厚く御礼申し上げます。

　また小書の出版に際しては企業や薬局など計10社様からのご支援をいただきました。ここに厚く御礼申し上げます。またこれら企業様の多くが、スイゼンジノリやサクランに対する思いをコラムとして記述していただいておりますので、スイゼンジノリやサクラン製品をお使いの方々やこれから製品開発をされる方々にも参考になると思います。

　最後に、出版までの短い時間の中、熱心に支えていただいた熊日出版の渡邊希望さん、今坂功さん、すばらしい表紙やイラストでスイゼンジノリやサクランのイメージを作り出していただいた齊木飛鳥さんに心から感謝を申し上げます。

　小書の内容がスイゼンジノリやサクランにご興味のある方に少しでもお役に立てていただけたならば、とても嬉しく思います。

　　　　　　　熊本大学大学院 教授　有馬 英俊
　　　北陸先端科学技術大学院大学 教授　金子 達雄

「サクラン研究会」The Japanese Society for Sacran

2012(平成24)年1月に熊本にて発足。スイゼンジノリ由来多糖体であるサクランの研究・開発を推進し、知識の交換や関連団体との連携を通じ、学術の発展に寄与するとともに広く社会に貢献することを目的としています。年次学術集会、セミナー、シンポジウム、学術講演会の開催、国内および国際的な関連学会との交流等の活動を行っています。まだ会員数も数十名ですが、研究や製品開発にご興味のある方々のご入会をお待ちしています。
サクラン研究会ホームページ http://sacran.kenkyuukai.jp/about/

スイゼンジノリとサクランの魅力

2017(平成29)年3月30日 発行

発行　サクラン研究会
　　　事務局
　　　〒862-0973 熊本市中央区大江本町5-1
　　　熊本大学大学院生命科学研究部(薬学系)製剤設計学分野内

制作　熊日出版(熊日サービス開発株式会社　出版部)
　　　〒860-0823 熊本市中央区世安町172
　　　TEL 096(361)3274
　　　FAX 096(361)3249
　　　HP　https://www.kumanichi-sv.co.jp/books/

装丁　齊木飛鳥

印刷　シモダ印刷株式会社

©サクラン研究会　2017 Printed in Japan
ISBN978-4-908313-21-9　C3040

本文の無断転載、複写、複製等は固く禁じます。
定価は裏表紙に表示しています。
乱丁・落丁は交換いたします。

グリーンサイエンス・マテリアル株式会社

スイゼンジノリからサクランまで一貫生産体制

　グリーンサイエンス・マテリアル株式会社は、スイゼンジノリの保護と生産から「サクラン」の抽出・販売までを自社で一貫して行い高品質な「サクラン」の安定供給体制を整えております。

スイゼンジノリとサクランで循環型社会に貢献

　グリーンサイエンス・マテリアル株式会社は、日本の豊かな地下水資源でスイゼンジノリを育て、そのスイゼンジノリから機能性素材「サクラン」を抽出し利用することで、常に循環する資源を有効活用した循環型社会の実現に貢献したいと考えております。

サクランの商品開発に関しましてお気軽にお問い合わせください。

益城町養殖場

連絡先

TEL
096-201-6094

E-mail
info@gsmi.co.jp

URL
http://www.gsmi.co.jp

株式会社 オジックテクノロジーズ
Ogic Technologies Co., Ltd.

サクラン

スイゼンジノリ

→ 抽出 →

サクラン

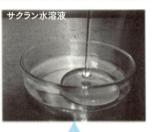
サクラン水溶液

← 水溶液

-OGICの技術-
スイゼンジノリからサクランを「抽出」
サクランの「水溶液」作製

グリーンサイエンス・マテリアル株式会社様からの委託を受け、サクラン™の抽出を行っております。

Electroforming
＝精密電鋳＝

0.5mm Pencil

Electroforming TEG pattern
Ni on Cu

特長
- 200μm以上の厚膜構造
- アスペクト比2.5以上
- 高硬度（600Hv以上）
- 低電着応力で内部応力

用途
- バイオチップ
- 医療用マイクロロボット部品
- メッシュ
- 微細加工部品（ギア等）
- MEMS金型

OGICではその他に表面処理（めっき等）も行っております。

お問い合わせ
TEL：096-352-4450
FAX：096-352-0807
E-Mail：ogic@ogic.ne.jp
HP：www.ogic.ne.jp

咲水（さくすい）

潤い・キレイが花咲く。

水前寺海苔（スイゼンジノリ）で満たされる潤い。
熊本発、植物性・自然派化粧品「咲水シリーズ」

シンプル処方なのに、しっかり"潤す"

阿蘇の天然水と熊本うまれの水前寺海苔から抽出される保湿成分サクランをベースにした自然派化粧水。紫外線による乾燥ダメージを受けたお肌に。

お肌を潤いベールで"保護"

4つのセラミドで外部の刺激からお肌を保護。ビタミンC誘導体で肌を引き締め、なめらかに。更にサクランがお肌に潤いを与え、肌理（きめ）を整えます。

咲水スキンケアローション
- 約2カ月分
- パラベンフリー
- アルコールフリー
- 無香料
- 無着色

容量 150ml
3,500円（税別）

咲水スキンケアジェル
- 約1カ月分
- 合成ポリマー不使用
- パラベンフリー
- アルコールフリー
- 無香料
- 無着色

容量 50g
3,500円（税別）

リバテープ製薬株式会社

0120-199-845

〒861-0136　熊本県熊本市北区植木町岩野45番地
http://www.libatape.jp

サクラントリートメントカラー

　化学物質（ジアミン）を使わない独自の処方で頭皮ケアと毛髪ケアと髪染めが同時にできる商品。スイゼンジノリより抽出した成分「サクラン」を配合し植物由来原料を使用。これ1本で高品質頭皮ケア、高品質毛髪ケア、安心な髪染め、消臭効果の4つのスカルプケアができます。

サクランスカルプケアマスク

　サクラントリートメントカラーの2倍のサクラン配合。その他、芦北産の夏みかん花水、ウコンなど、95％以上を植物由来原料で作り上げた、頭皮をマッサージするタイプのトリートメントです。マッサージすることで、毛細血管の血流を促し、頭皮ケア、毛髪ケアができます。

―10年先も美しい髪を　健やかさは美しさ―

 グラシア

株式会社グラシア
〒861-4121
熊本県熊本市南区会富町1360-4
TEL 096-227-0990
https://www.gracia-kirei.com/

「女性たちが動けば、何かが変わる」―
どうしても見つからなかったものを、見つけた！できた！

"全身あちこち痒い、カサカサ、ヒリヒリ、ブツブツ…"
自分も子供も、背中から顔・首・手足・頭皮まで…

"このような悩みを、どうにかできないか―"
追究し続け、やっとこの「サクラン®配合 保湿原液」を
創り上げることができました。

私たち「ネイチャー生活倶楽部」生活者としての活動について

二十数年前、私たちは髪の悩みをきっかけに、いろんな課題が見えてきて、生活者として活動を進めています。

今では全国10万名以上の方々を有するこの倶楽部で、特にここ数年増えてきたのが痒み、アトピー・アレルギー等の悩みです。第一人者の先生も「今や2人に1人」と仰る現状―
次世代のためにも私たち女性たちが動こう、そしてついにたどり着いたのが、水前寺ノリ・サクランです。

"一緒にどうにかしましょう"という専門・開発の方々、実際に悩んでいる全国の生活者の方々、皆の力でこのサクランの「保湿原液」を創り上げることができました。

◆**無料サンプルや資料など、ご用意いたしております。**

―お申込み・お問合わせは―
ネイチャー生活倶楽部
熊本市中央区神水2-7-10
【TEL】0120-666-265
（午前9時～午後9時・年中無休）
【FAX】0120-89-5858（24時間）

ネイチャー生活倶楽部 検索

※サクランはグリーンサイエンス・マテリアル株式会社の登録商標です。

水前寺ノリ抽出「サクラン®配合 保湿原液」

80ml　25ml

人と自然と地の塩社。
創業時から変わらないこと。
変えないこと。

石けん作りから始まった㈱地の塩社。「人の健康と自然を守る。常に新しく正しい企業であること」を理念に、環境に配慮をしつついろいろな特産物、自然を生かした石けん、基礎化粧品、環境負荷が少ない重曹やセスキ炭酸ソーダを使用した洗浄剤など、幅を広げながら商品づくりを行っています。

CHINOSHIO

株式会社地の塩社
本社
〒861-0522
熊本県山鹿市久原4222番地2
〔TEL〕0968-43-1717(代表)
〔FAX〕0968-43-1733

水粧館(アンテナショップ)
〒860-0807
熊本県熊本市中央区下通1丁目8-28
City9 ビル 2F
〔TEL/FAX〕096-352-2558

研究・実務・教育を三本柱とし熊本県No.1の薬局を目指しています！

泗水中央薬局グループ
店舗数12店舗

生薬調剤実習

無菌調製実習

薬局ローテーション

様々な診療科を
学ぶことができる

- クリーンルーム設置
  （熊本県の保険薬局で唯一設置）
- 24時間対応
- 在宅ホスピス業務

漢方外来 → 皮膚科 → 耳鼻科・産婦人科 → 胃腸科内科 → 代謝内科（糖尿病）→ 小児科 → 循環器内科 → 眼科 → 呼吸器内科 → 整形外科

株式会社　ハートフェルト
〒861-8039 熊本市東区長嶺南2-8-83　薬局セントラルファーマシー長嶺3F
TEL 096-381-0820　　FAX 096-381-0860
ハートフェルト▶ http://heartfelt-web.com
つどいの杜　▶ http://tudoinomori.com

南阿蘇村新店舗（平成28年7月開局）

震災時には全国から多くの医療関係者が支援活動にきていただき、陽だまり薬局はその熱い想いを引き継ぎました。下野中央薬局は復興に尽力されている医療法人とともに、被災地の方々の心に寄り添う医療を心掛けています。

※震災時の、支援活動の様子です。

WATER VEIL SKIN CARE
SACRUM Algae

サクラムアルジェ
モイストケアシリーズ

サクランで潤いのヴェールをまとい、
24時間お肌に水のバリアを

天然保湿成分"サクラン"を主成分とした、潤いに特化したスキンケアシリーズ。サクランがその特徴でもある保水力を最大限に活かし、「第二の素肌」とも言える濃密な潤いのヴェールを作り、長時間持続します。
それは外部刺激から肌を守り、水分の蒸発をバランスよく抑え、更に、使い続けることで肌本来のバリア機能を整えて健やかな肌を育みます。

| 驚きの保湿力 | 外部刺激から肌を守る | 24時間持続 | 乾燥肌の方へ |

厳選された美肌成分配合
サクランの他にも、お肌のことを考えた美肌成分をバランスよく配合しました。潤いは勿論、充実のスキンケアを実感して下さい。

24時間続く肌バリアの秘密
肌表面には微量の塩分が存在し、サクランはこの塩分と融合することで粘性が2倍に増し、「第二の肌」として長時間働きます。

10倍の保水力と3倍の保湿力
サクランはヒアルロン酸に比べ10倍の保水力で溢れる潤いを抱き込み、3倍の保湿力で抱えた潤いを保ちます。

お客様のご要望をカタチに
実感いただける製品
永くお使いいただける製品

OEM製造
ご要望にお応えしながら、化粧品や医薬部外品、健康食品を製造。安心・実感してお使いいただける製品、永くご愛用いただける製品を数多く生み出しています。

研究・開発
永年の経験から、こだわりを追求し数々の「特許取得」「特許出願」を商品化しています。各専門機関と連携し、クオリティーの高い製品を目指しています。

自社工場
自社工場による充実した一貫生産設備を整えています。お客様に余計なコストをかけることなく、少量生産から大量生産まで、多種多様なご要望にお応えします。

2016年度、メルヴェーユ株式会社・代表取締役内藤昌勝は、薬事功労者厚生労働大臣賞を受賞いたしました。

営業部門、研究開発部門、自社工場の製造部門が一体となり、ダイレクトにお客様のご要望にお応えしています。

Merveille
メルヴェーユ株式会社

本社および工場所在地
〒603-8322
京都市北区平野宮本町 35 番地
[TEL]075-466-6500
[FAX]075-466-6501

メルヴェーユ株式会社 [検索]